U0056066

圖解
高分子化學

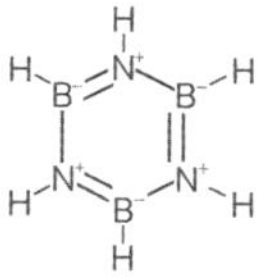

全方位解析化學產業基礎的入門書

齋藤勝裕／著　陳朕疆／譯

前言

或許你對「高分子」這個詞有些陌生，不過應該沒有人不知道「塑膠」是什麼吧。那乾脆把書名改成《塑膠的科學》不就好了嗎？然而高分子不一定是塑膠。譬如，橡膠與某些化學纖維就不是塑膠，不過包括橡膠、塑膠在內，尿布所使用的高吸水性聚合物、可導電的導電聚合物、防彈背心所使用的工程塑膠等，全都屬於高分子。

本書內容以各種塑膠產品為主，不過也會提到橡膠、化學纖維、工程塑膠以及最新的功能性高分子，所以書名才會取為《高分子化學》。

生活於現代的我們，周遭充滿了各種高分子，其中又以塑膠為代表。衣服、家電產品、文具、家具，以至於家中裝潢等，許多產品都是由高分子製成。除此之外，包括蔬菜、穀物、肉、魚在內，許多食物也是由被稱為天然高分子的高分子構成。不僅如此，我們生物的身體也是由天然高分子組成。

本書會提到各種高分子化合物的結構、性質、合成方式等，且會從最基礎的部分開始說明。閱讀本書之前並不需要任何預備知識，高中時沒有學過化學也沒有關係。閱讀本書所需要的必要知識，全都會在書中說明。

若您能在讀過本書後，了解到高分子是什麼樣的物質，那就太棒了。最後請讓我在這裡感謝執筆本書時參考的各書籍作者，以及出版社的各位。

2021年2月

齋藤 勝裕

全方位解析化學產業基礎的入門書

圖解高分子化學

CONTENTS

第8章 功能性高分子的種類與性質

第9章 天然高分子的種類與性質

第10章 高分子在環境保護中的角色

第 0 章

高分子是什麼？

高分子是什麼呢？高分子有哪幾種呢？除了塑膠之外，還有其他的高分子嗎？高分子擁有哪些性質，又是如何製作出來的呢？這些與高分子有關的基礎知識平常不大容易碰到，本章就讓我們試著簡單回答這些問題吧。

0-1

高分子是什麼？

世界史大致上可以分成3個部分，分別是石器時代、青銅器時代、鐵器時代。從西元前15世紀左右進入鐵器時代以來，一直到3500年後的現在，鐵器時代仍舊持續著。

支撐現代社會的物質

不過現代社會相當複雜，我們很難簡單歸納支撐著現代社會的物質是哪一個。

住宅、公寓、道路、港灣、機場等大規模基礎建設需以混凝土建造，混凝土屬於陶瓷材料。建築內部則有各種塑膠產品，這些塑膠產品屬於高分子。也就是說，鐵、陶瓷、高分子是支撐著現代社會的3大物質。本書要介紹的就是三者中的高分子，也就是塑膠、合成纖維、橡膠等物質。

那麼，高分子有多少種類呢？高分子又有哪些性質與功能呢？高分子擁有什麼樣的結構，又是如何製造的呢？歸根究柢，高分子究竟是什麼樣的化合物呢？

本書將依序回答這些問題。

生活與高分子

請看看你的四周。壁紙、窗簾、地磚幾乎都是由塑膠或合成纖維製成。電器產品幾乎都有個塑膠製外殼；碗、原子筆、橡皮擦等也是塑膠製品。很難想像沒有塑膠的話，我們的生活會是什麼樣子。

塑膠在化學上屬於高分子。高分子是指那些分子量很大的分子，也就是大分子。不過，分子量大的分子不一定屬於高分子。高分子是由數千個相同結構的單體小分子串聯而成的鏈狀分子。單體分子就像鏈上的一個個鐵環，高分子則是整條鏈。

高分子不是只有塑膠，橡膠、合成纖維也是高分子。我們周遭的多種物質，譬如保麗龍、合成纖維中的聚酯與尼龍、由橡膠製成的橡皮筋與輪胎，這些全部都是高分子。

不僅如此，隱形眼鏡、假牙甚至是人造血管，也都是高分子。到了現代，不僅眼前的世界到處都是高分子，高分子也開始進入了我們的身體「內部」。

貓與畚箕都是高分子

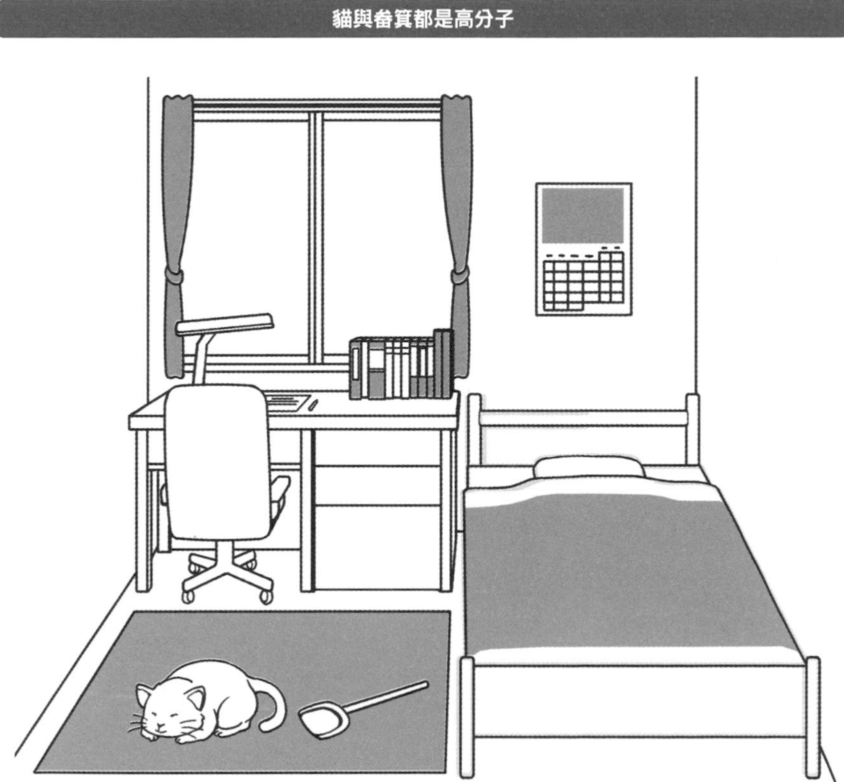

0-2

高分子的可能性

高分子中並非只有塑膠這種人工製造的物質，自然界中也有許多高分子。譬如，我們的身體就可以說是由多種高分子所組成的。

生命體與高分子

植物由纖維素、澱粉等組成。這些纖維素、澱粉都屬於高分子。動物的身體由蛋白質組成，蛋白質也是高分子。不僅如此，負責遺傳功能的DNA或RNA等核酸，也是典型的高分子。

也就是說，高分子不只包含了由堅硬塑膠製成的櫥櫃、富彈性的橡膠製品，也包含了各種維持生命、傳承生命等作為生命體基礎之分子。

高分子的可能性

人類以化學方式製造出來的高分子，稱為合成高分子。這種高分子的歷史並沒有很長。最早的合成高分子——聚乙烯發明於19世紀，不過直到1926年，才由被稱為是「高分子之父」的德國化學家赫爾曼．施陶丁格（Hermann Staudinger）確立了高分子這一概念。

在這之後，1930年的美國化學家華萊士．卡羅瑟斯（Wallace Hume Carothers）發明了尼龍66後，各種高分子化合物陸續被合成、開發出來，形成今日的盛況。在這之後，高分子化合物的活躍範圍從日用品擴展到機械零件，像是汽車或者是飛機，甚至連醫用機器、人造臟器等都可以看到高分子化合物的蹤影。

高分子的限制

但於此同時，高分子也產生了許多過去未曾出現的問題。其中最讓人頭痛的就是廢棄問題，甚至嚴重到被稱為塑膠公害。堅固耐用是高分子的一大優點，它們耐熱、耐光、耐化學藥劑。不過，這也表示它們遭丟棄後，難以自然分解。在我們看不到的地方，有許多遭丟棄塑膠製品仍保持著原本的樣子。海洋中也漂流著許多細碎的塑膠微粒。

原本主要著眼於「合成」的高分子化學，今後也進入了必須考慮「分解」的新時代。

天然高分子

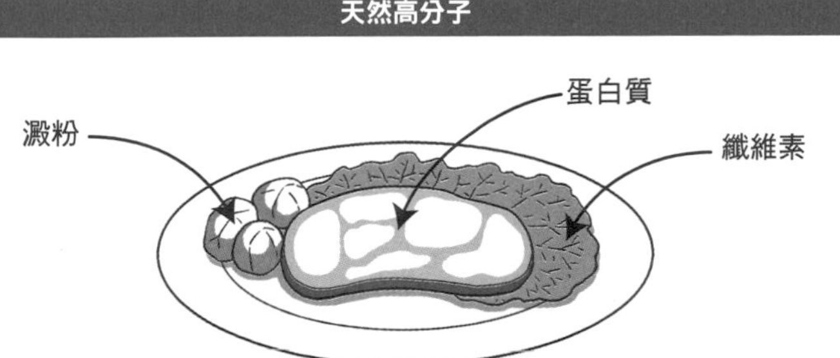

高分子的循環

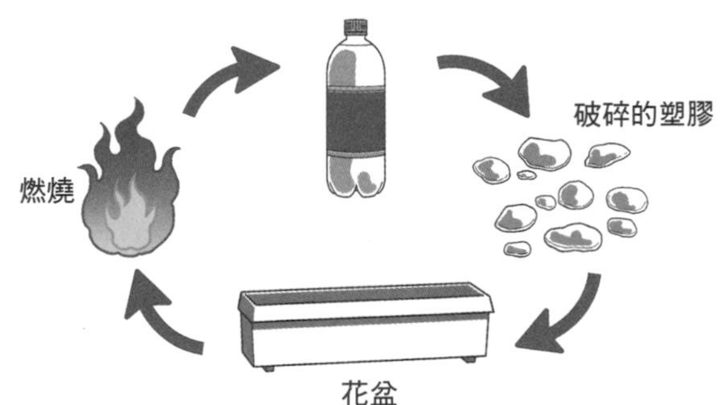

0-3

高分子的種類-1：結構

高分子的種類繁多。除了塑膠這種人工合成的高分子之外，自然界也存在許多天然高分子。因為高分子的種類實在太多，所以當我們把焦點放在不同的性質上時，分類的方式也不一樣。

讓我們根據分子的結構差異為高分子分類吧。這是相當科學的分類方式。首先，我們可以將高分子分成天然高分子，以及人工合成的合成高分子。合成高分子大致上可以分成3個種類，分別是橡膠、熱固性聚合物、熱塑性聚合物。而熱塑性聚合物可以再分成相當於塑膠的合成樹脂以及合成纖維。讓我們來看看它們分別有哪些性質吧。

天然高分子

存在於自然界的高分子，主要由生物製造。一般人最熟知的像是澱粉、纖維素、蛋白質等。DNA、RNA等核酸也屬於天然高分子。

合成高分子

由化學合成製造出來的高分子。

橡膠：自然界中亦存在天然橡膠，不過我們目前使用的橡膠多為合成橡膠。對橡膠施力時，可使其任意伸縮，為橡膠的一大特徵。

熱塑性聚合物：若將熱水倒入聚乙烯製的杯子內，杯子會扭曲變形。這種高分子稱為熱塑性聚合物。塑膠與合成纖維多屬於熱塑性聚合物。

熱固性聚合物：相對於熱塑性聚合物，某些高分子經加熱後仍不會軟化；若溫度更高，則會像木材般燒焦。譬如，碗等餐具、鍋柄、插頭等皆是用這種化合物製成。

合成樹脂：也就是所謂的塑膠。種類相當多，譬如日本泡麵的保麗龍碗、放置家電的櫥櫃、水桶等皆屬之。一般而言，熱固性塑膠也被包含在塑膠內。

合成纖維：人工合成出來的纖維，像是尼龍、聚酯等。科學上與合成樹脂完全相同，只有形狀不一樣。

高分子在化學上的分類

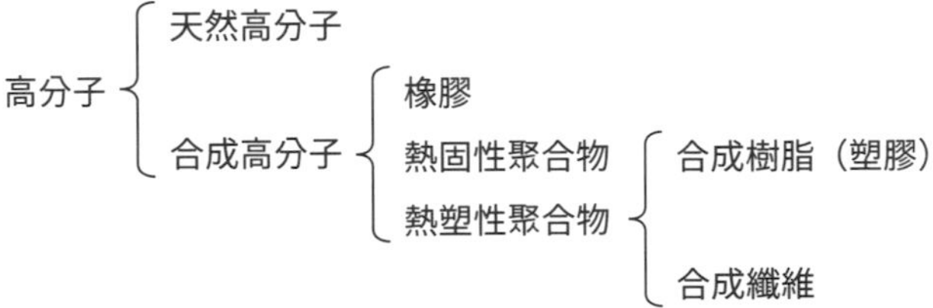

熱塑性塑膠與熱固性塑膠

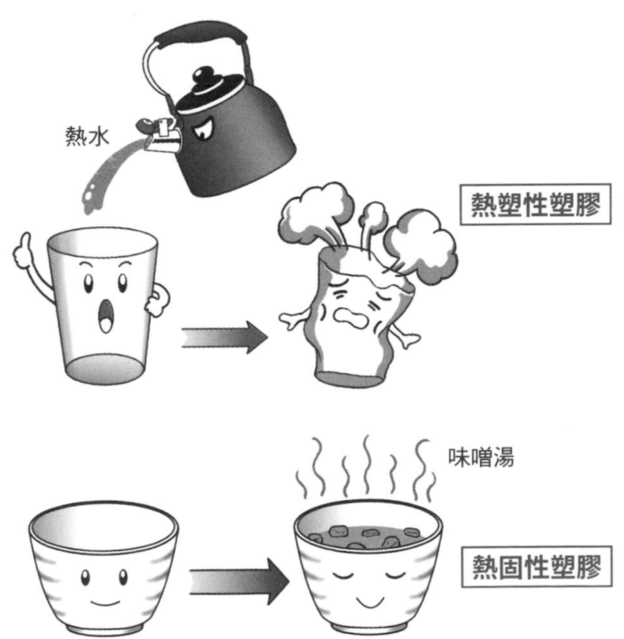

0-4

高分子的種類-2：用途

高分子是多種產品的材料，因此我們可根據用途與功能將高分子進行分類。依此根據的分類結果如下。

泛用塑膠

最常見的熱塑性聚合物，耐熱溫度約為100℃左右，可用於製作杯子、水桶等日常使用的各種容器。價格低廉、可大量生產為泛用塑膠的特色。

泛用塑膠可分為4大類，分別是聚乙烯、聚氯乙烯、聚苯乙烯、聚丙烯。塑膠的總生產量中，有80%是泛用塑膠。

工程塑膠

工程塑膠英文為engineering plastic，耐熱性強為其一大特色，耐熱溫度可達350℃左右。主要用於工業，由於生產量少，而價格較高。耐熱溫度在250℃以上的工程塑膠又特別稱為超級工程塑膠。這種塑膠放在火上也不會燒起來，降至乾冰的溫度（-80℃）也不會變質。

功能性高分子

擁有多種功能的高分子稱為功能性高分子。譬如，可導電的導電性高分子，或者運用於尿布與生理用品的高吸水性高分子等。

複合材料

高分子並非在所有領域都有優異表現。有些高分子在某些方面表現很好，在其他方面卻十分平庸。此時，就會將這種高分子與其他高分子混合運用。

混合可能是指分子層次的混合，也可能是像鋼筋混凝土般將各種材質組合起來。混合後的材料稱為複合材料。碳纖維與熱固性聚合物可組合成質輕堅固的材質，是飛機機體不可或缺的材料，未來也將應用在汽車上。

高分子的分類（依用途、功能分類）

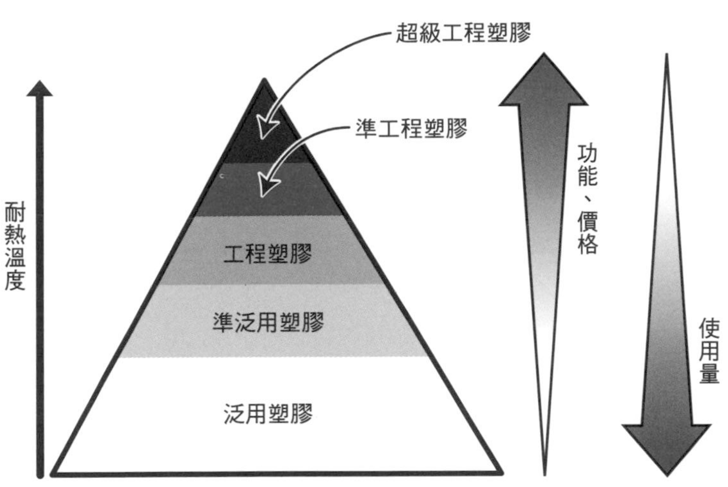

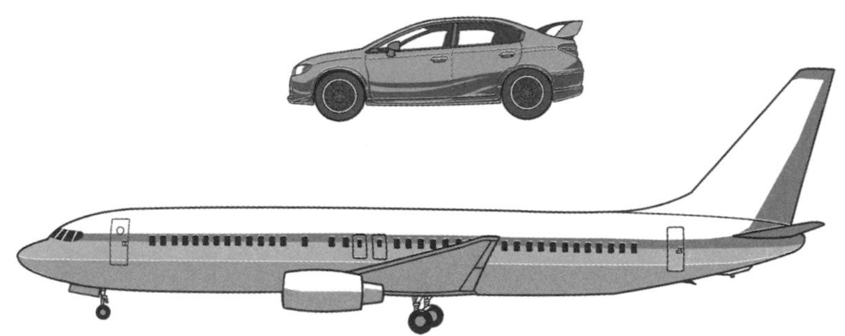

0-5

高分子的結構

除了少數例外，幾乎所有物質都是由分子構成。高分子也是分子，不過它們的特色在於分子結構與一般分子有很大的差異。高分子的形狀非常長。

高分子為鏈狀結構

「高分子」意為分子量很大的分子。分子量是構成分子之所有原子的原子量總和，所以分子量愈大，就表示構成分子的原子個數愈多，即分子愈大。

一般的塑膠是熱塑性聚合物，熱塑性聚合物的分子結構就像是細長的繩子。而像這種長長的分子具有怎樣的結構呢？其實相當簡單，簡而言之就像是很長很長的鐵鏈。由鐵環串在一起的鐵鏈可以無限延長下去。

熱塑性聚合物的結構與鐵鏈類似。單體相當於1個鐵環，許多單體可串聯成高分子。「單體以共價鍵串聯起來」是高分子的絕對條件。

鏈上鐵環的結構

構成高分子的單位分子稱為單體（monomer）。相對的，由多個單體結合在一起的分子稱為高分子或者聚合物（polymer）。「mono」為希臘語的數量詞「1」，「poly」則是「很多」的意思。

通常單體的結構都相當簡單，譬如聚乙烯就是典型的例子。「聚乙烯」顧名思義，就是由「多個乙烯」結合而成的分子。乙烯的結構為$H_2C{=}CH_2$，是相當簡單的分子。許多乙烯分子以共價鍵結合在一起，就可得到聚乙烯。

綜上所述，聚乙烯這種鐵鏈中，每個鐵環都是名為乙烯的分子，整條鐵鏈中只有1種鐵環。不過某些高分子的鐵鏈中，鐵環的種類不只1種。譬如PET就是由醇衍生物與羧酸衍生物等2種單體串聯而成的分子鏈。

DNA則包含4種單體，通常分別以A、T、C、G等4個符號表示。蛋白質則是由20種名為胺基酸的單體構成的長鏈。

高分子的鏈狀結構

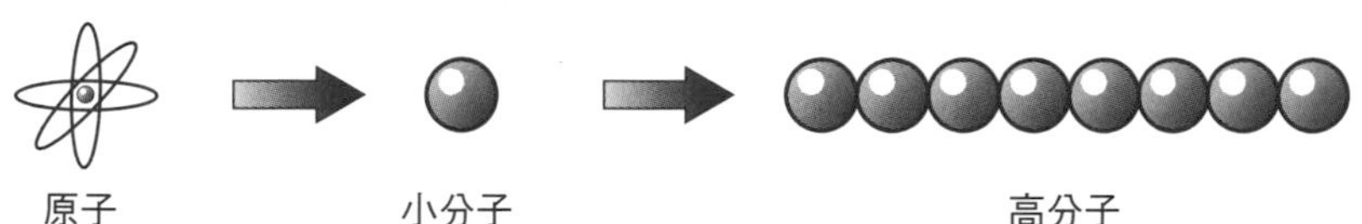

高分子鏈的單體

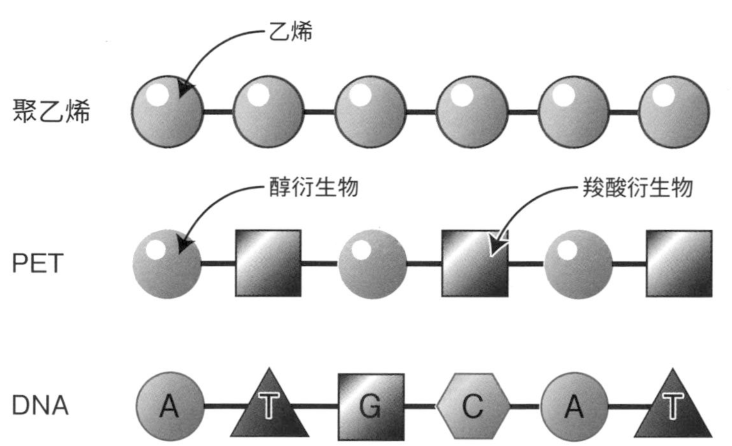

0-6

高分子的製造方式

高分子是由許多小小的單位分子串聯而成。那麼，這些單位分子會透過什麼方式鍵結在一起呢？

聚乙烯

聚乙烯是結構最簡單、最單純的高分子。由聚乙烯的鍵結方式，可以看出高分子鍵結的本質。

如同我們前面提到的，聚乙烯是由大量乙烯分子串聯而成的聚合物。乙烯的鍵結如右頁圖所示。1個碳原子與2個氫原子結合成CH_2，2個CH_2之間再以雙鍵連接在一起。

乙烯內的所有鍵結都是共價鍵。共價鍵是種複雜的鍵結，擁有許多面向，不過這裡我們可以簡單比喻成原子伸出來的手，2隻手相握時就會形成1個共價鍵。而雙鍵就是由2個原子共4隻手相握而成。

如果乙烯的2個碳原子放開一組相握的手，會發生什麼事呢？此時2個碳原子分別會多出1隻手。如果有2個這種乙烯分子相遇，並分別伸出1隻多出來的手相握，會發生什麼事呢？2個乙烯會結合在一起，形成有連續4個CH_2單位的分子。

若這種鍵結反應反覆發生，就會形成聚乙烯。所以聚乙烯就是有幾萬、幾十萬個CH_2單位以共價鍵鍵結而成的分子。這種反應一般稱為聚合反應。

聚酯

2個分子的鍵結方式並不是只有聚乙烯這種聚合反應。醇類分子R-OH與羧酸類分子R-COOH間脫去水H_2O，會形成酯類R-COO-R，這種反應稱為酯化，可形成名為聚酯的高分子。PET就是聚酯的其中1種。尼龍也是由2種單體聚合而成，不過尼龍是由胺類分子$R-NH_2$與羧酸類分子

R-COOH反應而成，產物叫做醯胺，所以尼龍也叫做聚醯胺。

聚乙烯的鍵結

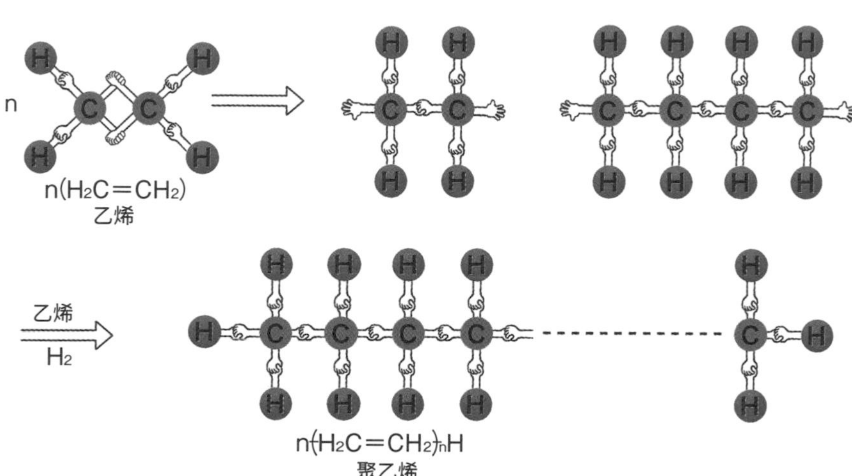

聚酯的鍵結

$$H\text{-}O\text{-}CH_2CH_2\text{-}O\boxed{H\ HO}\text{-}\overset{O}{\overset{\|}{C}}\text{-}C_6H_4\text{-}\overset{O}{\overset{\|}{C}}\text{-}OH \xrightarrow{-H_2O} H\text{-}O\text{-}CH_2\text{-}CH_2\text{-}HO\text{-}\overset{O}{\overset{\|}{C}}\text{-}C_6H_4\text{-}\overset{O}{\overset{\|}{C}}\text{-}OH$$

乙二醇
（醇類）

對苯二甲酸
（羧酸類）

（酯類）

$$\longrightarrow HO\left(CH_2CH_2\text{-}HO\text{-}\overset{O}{\overset{\|}{C}}\text{-}C_6H_4\text{-}\overset{O}{\overset{\|}{C}}\right)_m OH$$

聚對苯二甲酸乙二酯 PEF
（聚酯）

0-7
高分子的性質

高分子的分子結構與一般分子有很大的差異。因此，高分子擁有與一般分子截然不同的性質。做為預備知識，這裡就讓我們聚焦於高分子的結晶性、熱性質、對溶劑的溶解性等內容。

結晶性

右頁圖為集合狀態的熱塑性聚合物，可以看到有許多毛線般的高分子長鏈結構（高分子鏈）聚集在一起。依長鏈的聚集方式，可以分成2個類型。其一，某些部分中，多條高分子鏈會沿著同一方向聚集成束；另外，某些部分中，分子長鏈則不具方向性。

聚集成束處稱為結晶性部分，其他部分稱為非晶性部分。結晶性部分的分子間隔相當短，存在分子間力，可讓分子束更為堅固，這會大幅提高物質整體的強度，就像毛利元就的「三矢之訓」一樣。若整個物質都是由結晶性部分構成，就會形成合成纖維。

熱性質

若將固態的一般分子（結晶）加熱至熔點，會熔化成液態。若再繼續加熱，則會轉變成氣態蒸發。一般而言，高分子的鏈長並不固定，不是純物質，所以沒有明確的熔點。

如果緩慢加熱，可使高分子的體積逐漸增加、逐漸膨脹。達一定溫度時，會變成柔軟的橡膠狀。再繼續加熱，則會熔化變成具流動性的液體。

溶解性

就像白色固態的保麗龍，碰上橘子皮榨出的油（檸烯）時會融化一樣，高分子也會溶於某些溶劑。右頁下圖為高分子溶解的樣子。

溶劑分子會先進入非晶性部分，使其潤脹（浸潤膨脹），再逐漸進入結晶性部分，最後溶解整個物質。也就是説，一條條高分子鏈最後會被溶劑分子包圍（溶劑化），形成高分子溶液。

熱塑性聚合物的集合狀態

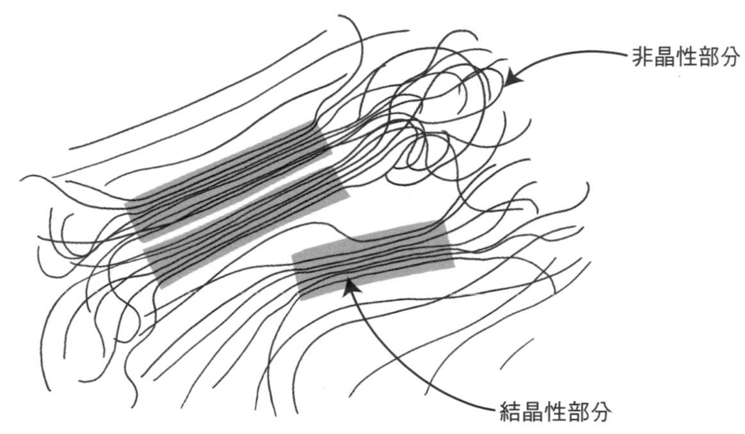

高分子的溶解性

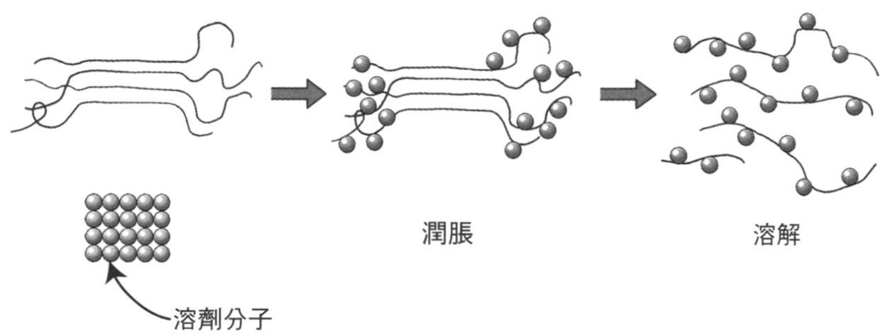

MEMO

第 1 章

活躍的高分子

我們的生活中隨處可見各種高分子。不僅是桌上或室內，連辦公室也有高分子的存在。工廠、農場、漁場、劇場也都充滿了各種高分子。高分子讓我們的生活更為富饒，社會活動與經濟活動也更加活躍。

1-1

高分子的定義

如同本書書名《圖解高分子化學》，這是一本介紹什麼是「高分子」的書。高分子一詞並不是日常對話中會出現的詞。其實「塑膠」就是一種高分子，這樣應該就比較好懂吧。

「高分子」與「塑膠」有相似之處，卻也非完全相同。塑膠只是高分子當中的一種，而高分子除了塑膠之外，還包括了橡膠、纖維等許多種類。本書中也會一併介紹這些物質。

高分子的定義

所謂的高分子，原本是指「分子量很高（很大）的分子」。而所謂的分子量，是構成分子之所有原子的原子量總和。也就是說，構成分子的原子個數愈多，分子量就愈大。水H_2O、乙烯C_2H_4、苯C_6H_6等一般分子的分子量頂多幾百而已。相較於此，高分子的分子量可達數十萬、數百萬。簡單來說，高分子就是相當巨大的分子。

塑膠是什麼

「塑膠」在日語中也叫做「合成樹脂」。所謂的樹脂，原本指的是松脂、漆、天然橡膠等植物分泌的高黏性有機物。樹脂乾燥後會固化，加熱後會軟化，就像黏土一樣可以任意改變外型。這種性質叫做熱塑性。若以人工方式製造這種樹脂，成品就叫做合成樹脂，也就是塑膠。

研究天然樹脂，會發現它們的分子量大得不可思議。也就是說，天然樹脂是一種高分子。不僅如此，植物性纖維的纖維素、動物性纖維的蛋白質，它們都是分子量相當大的高分子。

也就是說，並非只有樹脂是高分子。樹脂是高分子沒錯，不過植物製造的纖維素、澱粉，動物製造的蛋白質也屬於高分子。

本書介紹的高分子包含但不限於合成樹脂，即塑膠。我希望能在本書中介紹所有類似的物質，包括合成樹脂、天然樹脂，以及各種纖維、橡膠等等。

高分子的定義

一般分子

H_2O	：水	：分子量＝1×2＋16＝18
$H_2C=CH_2$	：乙烯	：分子量＝1×4＋12×2＝28
（C_6H_6）	：苯	：分子量＝1×6＋12×6＝78

（原子量：H＝1、C＝12、O＝16）

高分子

$H\text{-}(CH_2\text{-}CH_2)_n\text{-}H$ ：聚乙烯：分子量 ＝ 1 × 數千 ＋ 12 × 數千 ＝ 數萬

n= 數千～數萬

塑膠的概念

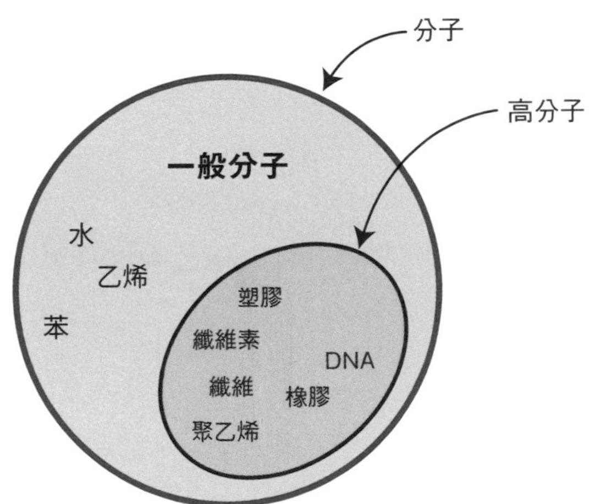

1-2

活躍於家中的高分子

我們的生活周遭充滿了各種塑膠，幾乎無法想像現代家庭中沒有塑膠的生活會是什麼樣子。

合成樹脂與合成纖維

我們的周遭充滿了各種塑膠。原子筆、橡皮擦、直尺等皆為塑膠製品。電腦的機身有許多塑膠零件，電視、電風扇、加濕機等家電的機身，也幾乎都由塑膠製成。飲料的瓶子也是塑膠製。

有些東西看起來像是由天然材質製成，其實也是塑膠製品。近年來的家中裝潢，常會在合板製成或混凝土鑄成的柱子、牆壁、天花板外層，貼上塑膠製的薄膜。浴缸也有不少是塑膠製的不是嗎？有些牆壁內或天花板內會用保麗龍填充，保麗龍內的空氣能夠發揮絕熱與隔音的效果。

我們身上的衣服多由合成纖維製成，合成纖維也屬於高分子。日本學生穿的學生服是由特多龍（Tetoron）這種聚酯纖維製成，與PET一樣屬於高分子。學生裙的內襯材質也是聚酯纖維。

掛在窗戶上的窗簾也幾乎是合成纖維。發生火災時，合成纖維有一定的阻燃性，不容易燒起來，所以功能上比天然纖維還要優異。

功能性高分子

以前人們對高分子的印象是便宜又堅固的材料，譬如會用於製作水桶、保鮮盒等簡單容器或者坐墊等物品。不過，現在則有所不同，某些新開發出來的高分子擁有獨特的性質。而這樣的高分子則稱為功能性高分子。

紙尿布等產品就會用到高吸水性高分子，胸罩則會使用形狀記憶高分子，以保持罩杯的形狀。ATM的螢幕表面會使用可以導電的導電性高分子。自來水的淨水場會加入特定的高分子，使水中混濁成分沉澱下來。另外，還有某些高分子可以將海水轉變成淡水，就像魔法一樣。

現在高分子的用途已不限於模仿天然高分子，不只能用來製作容器與衣服。高分子與塑膠的製作技術也在持續進步，未來將開發出更多不同的高分子。

合成樹脂與合成纖維

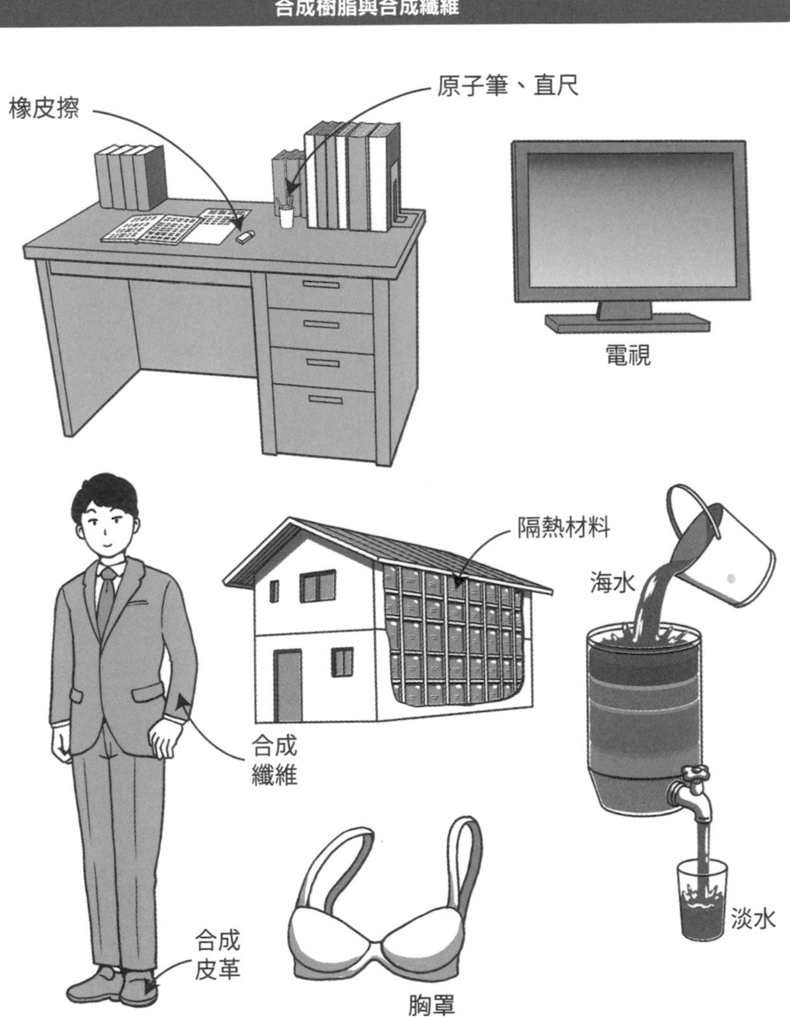

1-3
活躍於社會的高分子

從硬體到軟體，高分子早已滲入現代社會的各個層面，支撐著整個社會的根本。

資訊交換

30年前，一般人只能靠固定式電話通訊。只有某些擁有特殊執照的「火腿族」，才能進行無線通訊。現在又是如何呢？現代大概只有我這種怪人，才會沒有自己的智慧型手機吧。不過畢竟我有電腦，要是沒有能收發郵件的工具，還是沒辦法工作。

現代社會中的各種活動，都需要透過資訊交換彼此連動、傳播。負責交換資訊的是磁場，而產生這種磁場的則是高分子。產生磁性的物質本體是鐵之類的金屬，不過固定磁性物質的基座，則是由高分子製的薄膜製成。簡單來說，就是在高分子薄膜上塗布一層薄薄的磁性分子。要是沒有高分子的話會如何呢？電子元件的基座又是用什麼材質製作的呢？金屬？玻璃？陶瓷？木材？紙張？如果是木材或紙張的話，廣義上也屬於高分子。

印刷、複寫

社會上每天都流通著數量龐大的印刷品，印刷時使用的墨水就是高分子產物。墨水中的顏料會分散在溶劑內，而高分子可幫助顏料的分散，使顏料不會沉澱或凝固、硬化，是墨水中不可或缺的成分。

以前要將寫字內容複寫到後面的紙張時，需在2張紙之間夾一層碳複寫紙。現在則只要將2張紙重疊在一起書寫就可以了。這種無碳複寫紙中，上層紙的背面與下層紙的正面塗有不同高分子製成的微膠囊，2種微膠囊內分別含有A藥劑與B藥劑。若將2張紙重疊在一起，用鉛筆書寫，微膠囊受擠壓後破裂而滲出的A藥劑與B藥劑，便會產生化學反應，生成黑色筆跡。也就是說，複寫功能也是來自高分子。

ATM

以前的有機物，或者說是塑膠，都無法導電。不過，現在研究者們已經開發出可導電且能被磁石吸引的磁性高分子。這些都屬於功能性高分子。

操作ATM時，如果按壓畫面的特定位置，就會發送必要的資訊。這是因為畫面有接上電極，按壓特定位置時，就相當於輸入了特定資訊。因為螢幕以導電性高分子製成，所以才有這樣的功能。

支撐著現代社會的高分子

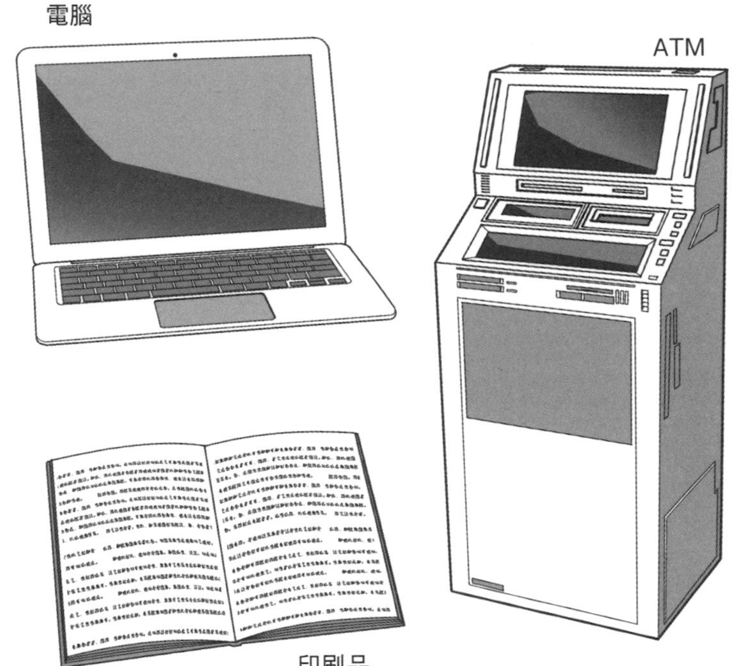

1-4 活躍於工業的高分子

我們可透過工業方式生產高分子。高分子在它誕生的工廠也十分活躍。甚至可以說，工業領域就是高分子最活躍的地方。

工程塑膠

工業的相關人士常把他們使用的塑膠稱為「工程塑膠」，英文為「engineering plastic」，即工程用塑膠的意思。

工程塑膠與一般塑膠有許多差異，最大的差異就是耐熱溫度。舉例來說，廉價的透明塑膠杯是用一般塑膠製成，如果倒入熱茶，可能會存在讓塑膠杯變形的風險，可見這種塑膠的耐熱溫度應該不到100℃。

不過工程塑膠就不同了。工程塑膠的耐熱溫度最高可超過350℃。既然耐熱溫度那麼高，就可以用來製作汽車引擎周圍的零件了。除此之外，工程塑膠堅硬又有韌性。最重要的是，和堅硬卻脆弱易碎的金屬或陶瓷材料相比，工程塑膠堅固許多。因此可代替原本以金屬製成的產品，譬如應對危險的防護具或者齒輪等。

新金屬

因此，以工程塑膠為代表的高性能塑膠，在工業領域上愈來愈活躍，逐漸有取代金屬的趨勢。而且，塑膠比金屬、陶瓷還要輕且柔軟，又不會生鏽、不易折斷。另外，工程塑膠的摩擦力比較小，所以由工程塑膠製成的齒輪不需要使用潤滑油。

工程塑膠擁有又輕又堅固的優點，故可用於製作飛機機體。碳纖維強化塑膠等複合材料，目前已是民航機廠商爭相取得的原料，也是以性能為優先的戰鬥機必需品。未來我們不只可以看到戰鬥機、戰車、驅逐艦的塑膠模型，或許也能看到塑膠製的實品參與戰鬥。

在生產出塑膠製戰車之前，我們會先看到塑膠製的民用汽車。既然這種材料又輕又堅固，那就一定會被汽車廠商拿來運用。高性能、高級的汽車會逐漸改成塑膠製的吧。近年來，「3D印刷可製造出具殺傷力的手槍」已經成為了問題。3D印刷產品也是塑膠製的。

雖然我們說現代是鐵器時代，但實際上或許早就已經進入高分子時代了。

工程塑膠的應用

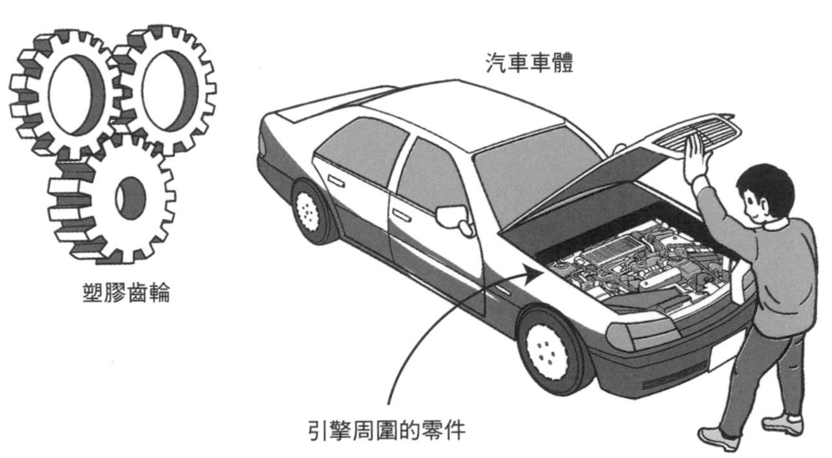

碳纖維的應用

1-5
活躍於農業的高分子

過去的農業是充滿感性熱情的田園產業，現代農業則會使用最尖端技術與設備器材，可以說是以土壤及植物為對象的工業。

聚氯乙烯溫室

若前往現代化的農業地區，在水田以外的地方，常可看到許多披著白色塑膠布的建築物。這種白色塑膠布的材料是被稱為聚氯乙烯的一種高分子。這種簡易建築在日本則被稱為聚氯乙烯溫室。

溫室不只會栽種草莓、哈密瓜等高價水果，也會種植茄子、小黃瓜、番茄等常見蔬菜。藤蔓纏繞的支柱、網架，皆已非過去使用的竹竿或麻繩，而改成了塑膠製，且會做成美美的綠色。露天栽種的蔬果是不是常讓人有容易受損的印象呢？不過，這些蔬果也可能會長得更大、含有更多養分就是了。

過去人們使用的是以沉重金屬製成的農具，操作上很不方便。現在則多改成了又輕又堅固的塑膠製農具。拜此所賜，年輕女性從事農務時也不需重度勞動，連手指上的塑膠製假指甲都不會受損。

水田

雖然現在還沒有開發出在溫室內設置水田種稻的農法，不過現在的水田也並非過去那種只有泥土和水的環境。現代水田中，區隔不同田地的田埂內部會埋設保麗龍。這可不是單純做為填充物。埋設保麗龍可以增加保水性，也可以防止鼴鼠挖穿田埂造成漏水。

水田的溝渠常以混凝土製成，而水會從混凝土的裂縫中滲出。為了避免發生這種事，現在的溝渠會在混凝土內混入塑膠纖維，使其不容易龜裂。

果園內用來包住果實的塑膠袋，會經過特殊表面處理，讓袋子可以防雨水，並延長壽命。用來噴灑殺菌劑或殺蟲劑的噴霧器，通常是用質輕的塑膠製成，操作起來比較方便。工作服也是用合成纖維製成，質地輕盈而容易活動。現在的塑膠長靴相當輕巧，以前那種厚重的橡膠長靴可能要到博物館才看得到了。

高分子的聚氯乙烯在溫室上的應用

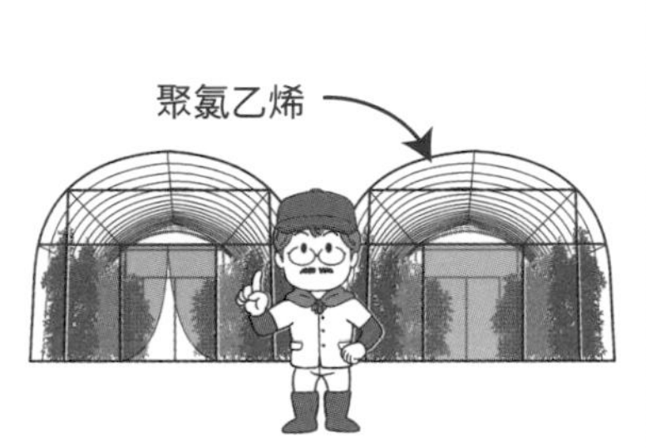

水田的高分子應用例

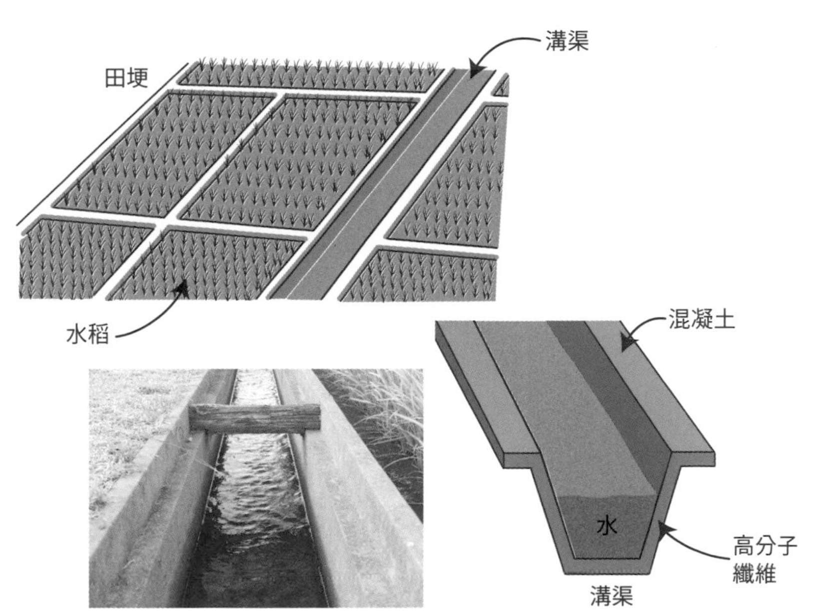

1-6
活躍於漁業的高分子

線是漁業的必需品。漁網以線編織而成，釣魚時也會用到釣線。而說到堅固的線，就一定得提到高分子製成的合成纖維。

現代漁業大致上可以分成兩類，分別是在海洋與河川捕魚的捕撈漁業，以及在海中圈起來的區域或陸地上的池塘飼養魚貝類的養殖漁業。近年來，日本的養殖漁業比例有增加的趨勢。

捕撈漁業

捕撈漁業最重要的必需品就是漁網。日本民謠《安來節》中提到的抓泥鰍，會使用較小的網；遠洋漁業則會使用巨大的拖曳網，這些漁網都得用線編成。用來編漁網的線多由尼龍這種合成纖維製成。

除了漁網之外，漁民會用延繩釣法來釣大型魚類。延繩釣會用到很長的繩子，繩上有許多支線，支線末端綁有釣鉤與餌。繩上的支線多為尼龍製。

當然，包含延繩以及船隻停泊時固定用的繩子，也都是高分子合成纖維。不僅如此，小型船隻多為玻璃纖維製成。玻璃纖維顧名思義，是由玻璃材質的纖維編成的織物，將這種織物浸漬於塑膠中固化後，可製成堅固的複合材料。簡單來說，這種複合材料的玻璃部分就像鋼筋混凝土的鋼筋，塑膠部分就像混凝土。

養殖漁業

養殖漁業也一樣。若是在海中養殖，需要用一張巨大的網在海面圈出一塊區域，在這塊區域內飼養鯛魚、鰤魚、河魨等魚類。這種網自然是由高分子製成。讓這張網浮在海面上的浮筒，以前是玻璃製，現在則是塑膠製。簡易的裝置中，也可以用保麗龍代替。

陸地的養殖會用到水池，不過水池不一定在地面上。養殖業者可以用厚實的聚氯乙烯布，或是經防水加工過的合成纖維布製作水槽，用來養殖魚隻。這麼做也可以減少魚隻衝撞水槽壁時受到的傷害。

將魚隻送往市場的容器，現在幾乎100%都是塑膠製。保麗龍又輕又能隔熱，裡面塞滿冰塊後，可以說是最適合用來搬運魚隻的容器。

高分子在延繩釣上的應用

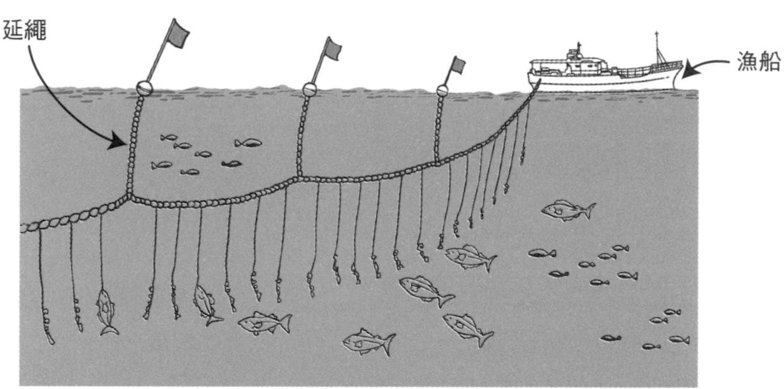

高分子在養殖上的應用

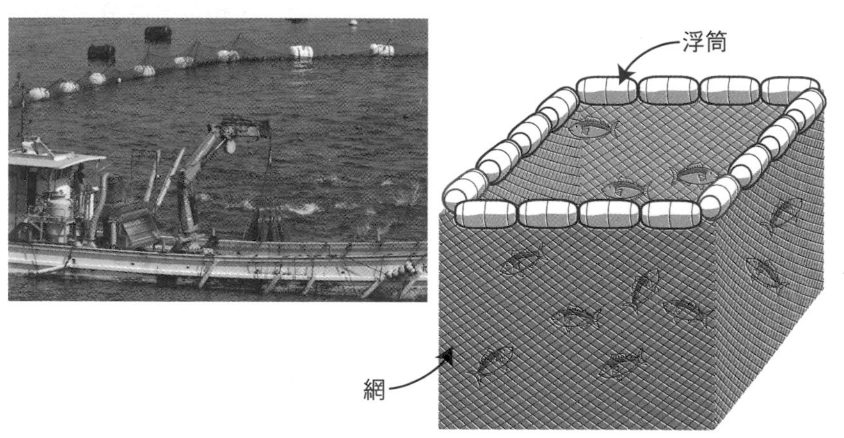

1-7

活躍於商業、服務業的高分子

塑膠已是現代商業、服務業不可或缺的物質。所有商品都需要塑膠包裝，購買後得要將商品放入塑膠袋中。餐廳的裝飾品也幾乎都是塑膠製的，對吧。戲劇也一樣，大小道具多為塑膠製，演員化妝品中的油彩（grease paint）內也含有高分子。

商業

便利商店與超市並不是商業的核心，不過它們就像商業中的展示櫥窗，展示著各種商品。

或者也可以說，它們就像高分子的展示櫥窗。店內裝潢多為塑膠製品。商店內有許多纖維製品，其中就包含了許多合成纖維。商店內有販賣許多食物產品，不過包裝這些產品所使用的塑膠，不也佔了總重量的數個百分點嗎？

塑膠包裝上的印刷用墨水，也含有塑膠成分。我們就像是活在由許多塑膠裝飾的虛幻世界一樣。不僅如此，當我們購買糕點時，這些糕點會被仔細地包在塑膠包裝內，然後放入以塑膠墨水印刷的紙盒內，接著再用袋子裝起來。那我們究竟是在買糕點還是買這些包裝呢？

服務業

我們偶爾會到很有氣氛的餐廳享用大餐。這些用來營造室內氣氛的裝飾，幾乎都是塑膠製品。看起來像是黃金雕刻的東西，其實是先以塑膠製作成型，再用金色鋁膜上色的結果。現在的日本，大概只有在相當高級的店面、美術館或博物館，才看得到真正的裝飾品了。

如果到有美麗女性服務的店裡消費，就會看到由高分子產品營造出來的奢靡氣氛。看到這些，會讓人不禁讓人感嘆高分子化學研究者的實力，說出「沒想到現代高分子技術已經進化到這種程度了」之類的話。

沒錯。店內讓人目眩神迷的光芒是由高分子散發出來的，讓人不曉得該把視線放在哪裡的女性胸飾也是由高分子製成。要是你產生了什麼誤會，接下來可是會衍生出許多麻煩事的。

高分子在商業上的應用

高分子在服務業上的應用

高分子產品營造出的氣氛

1-8

活躍於舞台、工藝、藝術的高分子

戲劇或藝術都是虛構的事物。雖然這麼說對高分子有些失禮，不過在表現虛構事物時，最適合的應該就是「高分子」沒錯吧。價格低廉、色彩豐富、製作容易，可見高分子與虛構、虛幻事物十分契合。

舞台

我並不是說高分子有什麼不好。為了讓人們看見剎那間的夢、看見現實中的不合理、從夾縫中看見未來的希望，虛構事物仍是必要的東西。

重要的是，高分子十分適合用來表現這些事物。在以前的舞台、劇場、表演廳中，曾經出現過比高分子更適合用來製作大小道具的材料嗎？有過像保麗龍這樣輕巧、搬運方便、著色容易、可輕易裁切的材料嗎？

如果沒有合成纖維的話，要製作戲劇中的假髮就會變得麻煩許多。不只是日本傳統戲劇，外國戲劇的服裝也得耗費不少工夫與費用。如果使用高分子製成的產品，就能輕鬆製作出這些道具。

工藝

前面提到「不只是日本傳統戲劇」，不過實際上，以前戲劇表演的正式服裝也是由高分子製成。只不過是天然高分子。以前西方把瓷器稱為china，因為發祥地是中國。同理，以前西方把漆藝稱為japon。所謂的漆藝，就是製造漆器的工法。

漆與橡膠一樣是樹木（漆樹）滲出的樹液固化形成的物質，化學上是苯的衍生物，屬於一種高分子，也是近年營養學中相當流行的多酚的一種。漆是多酚聚合固化的產物，漆的固化需經過特定的化學反應，不只要在乾燥環境下進行，還要在適當的濕度與溫度下長時間保存才行。

完成後的漆藝品相當堅固。使用者眼中的漆器「不像金屬一樣會生鏽、不像石材一樣易碎、不像木材一樣易腐敗」，和現代塑膠有類似的優點。

高分子在演藝領域的應用

高分子在工藝的應用（八橋蒔繪螺鈿硯箱）

出處：Wikipedia

1-9

活躍於醫療的高分子

我們生物的身體大部分是由澱粉與蛋白質等天然高分子構成。因此，當身體有什麼缺損，或者有哪裡故障時，用合成高分子來修補應該也十分合理吧。

體外的修補

近年來的眼鏡多以塑膠為標準材質。質輕、透明度高、折射率能夠與玻璃比擬，可製作出超薄的鏡片。隨著表面塗層技術的進步，現在的塗層已經幾乎不會剝落。除了特殊產品之外，隱形眼鏡幾乎都是塑膠製，假牙也多為高分子製。若無特殊情況，假髮與義肢也都是塑膠製。

體內的修補

以手術切開身體後，需要用線縫合。除了心臟、大動脈等必須承受機械性負擔的部位之外，近年的內臟縫合手術中用的縫合線，都是以生物分解性高分子製成的特殊縫線。經過一段時間後，這些縫線就會被體內分解吸收，所以不需要再動一次手術拆線，大幅減輕了患者的負擔。

高分子製的血管也在逐漸普及。這是由合成纖維編成的管路，為了防止血栓，周圍附著許多膠原蛋白等天然高分子（蛋白質），可以說是一種複合材料。

另外，輸血用的管路自不用說，腎臟病患者在進行人工透析（洗腎）時，讓血液通過的管道也是由高分子製成。

未來的醫療

除了骨骼以外，人體內的主要部分都是有機物。人體內的有機物多為蛋白質、醣類、DNA等天然高分子。當這些天然高分子出現什麼狀況時，用合成高分子來修補可以說是再自然不過的事。想必未來塑膠在醫療領域中的角色也會愈來愈重要吧。

目前我們還是用金屬來修補骨骼，不過未來應該會逐漸轉換成質輕、堅固、低摩擦，且與生物體的親和性較高的塑膠或陶瓷材料吧。這種賽博龐克般的情節，已經不再是夢境或幻想。

高分子在醫療上的應用

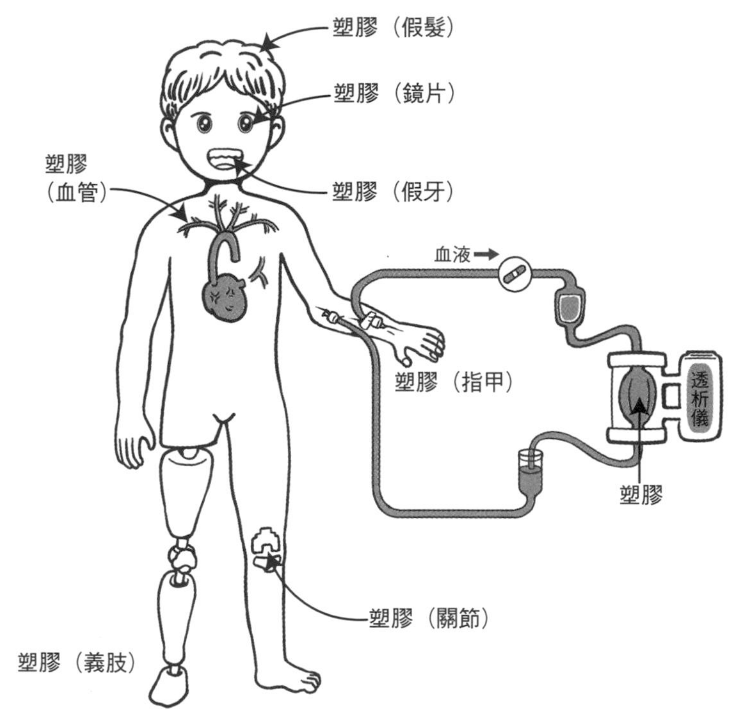

1-10
活躍於自然界的高分子

高分子不只活躍在以人類為主的世界。在自然界中也相當活躍，會影響到各地的土壤條件、氣候條件、風與水文條件等。

築堤

為了防止河川氾濫造成災害，人們會沿著河岸堆起土牆，築起堤防。然而，河川容易氾濫的地區，通常原本的地勢就比較低，有許多濕地。如果在這種地方將大批砂土堆疊起來築堤，很可能會加速地層下陷，難得堆起來的土堤，效果就會大打折扣。

這時候就會用到包裝時使用的緩衝材料——保麗龍。就和我們前面提到的田埂一樣，在堤防的中間堆起保麗龍，再將土覆蓋上去，就完成了質輕又堅固的堤防。

這種工法也可以用來建造高速公路。堅固又耐用的高架高速公路，內部填充物說不定就是保麗龍，很不可思議吧。

更讓人訝異的是，支撐高速公路的堅固橋墩，核心也可能是保麗龍填充。

考慮到強度，粗大的橋墩可以用圓形鐵桶填充，桶內要裝什麼都可以，這點應該會讓不少人感到意外。過去曾有個國家因重大地震造成建築物倒塌，然而倒塌的柱子中卻發現了填充用的沙拉油桶。這在當時被懷疑是「偷工減料」，但這說不定其實是正常工法。

地基改良材料

土地的土質常有各式各樣的問題。近年來常出現的問題是地震引發的土壤液化。若要預防這種現象，必須在事前改良土質，這時就會用到土質改良材料。過去人們是用無機的水玻璃材質做為土質改良材料。

不過近年來，人們逐漸改用有機高分子做為改良材料。將這種高分子的前驅物注入土壤，再注入硬化劑就可以了。前驅物會包裹住土壤，讓整個土壤一起硬化。近年來，能夠做為新建住宅的土地愈來愈少了，於是人們開始將原本條件不怎麼好的土地，改良成住宅用地。這種改良自然的科學，未來應該會逐漸嶄露頭角吧？

高分子在築堤上的應用

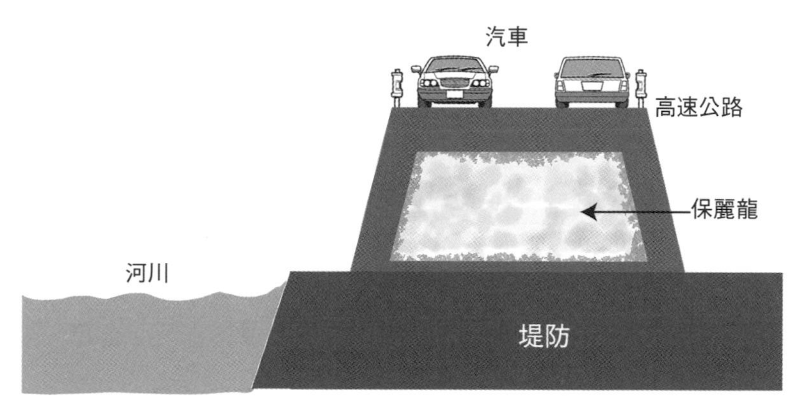

高分子在地基改良材料上的應用

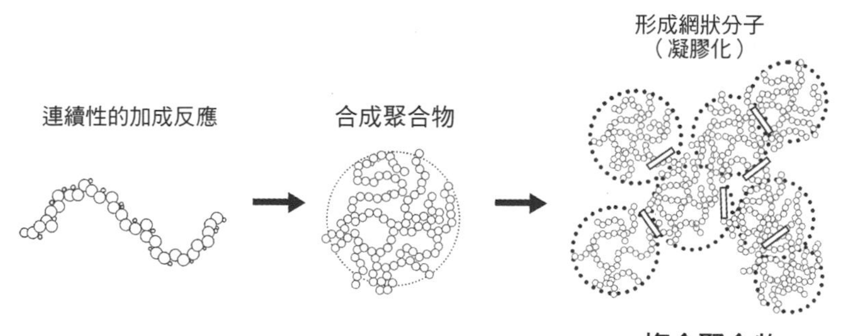

第 2 章

一般分子與高分子

高分子究竟是什麼呢？為什麼要特別加個「高」字？和「一般」分子有差別嗎？差別又是什麼呢？本章將舉例說明一般分子與高分子的差異，從原子結構、分子結構、化學鍵等化學基礎事項等方面，一一說明它們的差異。

2-1

原子是什麼？

我們看得到的宇宙皆由物質構成，而所有物質都是由原子構成。原子是構成物質的最小粒子。

原子與分子

在我們的周圍，除了金屬之外，幾乎所有物質都是由分子構成。不過，除了少數物質之外，幾乎所有物質都是由數種分子混合而成的混合物，少數例外則包括水、砂糖、塑膠及味精等。

設法將這些純物質切細切碎，最後會得到仍保持物質特性的最小粒子，這種粒子叫做分子。不過，分子其實還可以再分割下去。分子由名為原子的粒子構成。不過，原子就不具有物質原本的性質了。分子仍保留了原本物質的性質，原子則沒有，這就是分子與原子的差異。

原子的大小與結構

存在於地球自然界中的原子（元素）有90種左右。原子有大有小，人們從最小的原子開始，一一為其編號，稱為原子序，以字母Z表示。最小的是氫原子Z＝1，最大的是鈾原子Z＝92。將原子依原子序排列，整理成的表就叫做週期表。

每個原子都有其質量，「原子量」指的是各原子間的相對質量大小。最小的氫原子原子量約為1，最大的鈾原子原子量約為238。高分子當中，主要原子的原子序與原子量如右頁表中所示。

原子是雲霧般的球狀物。雲霧的部分是由Z個電子（符號為e或e^-）組成的電子雲，每個電子帶有－1的電荷，故整個電子雲的電荷為－Z。電子雲的中心有個小小的球狀物，叫做原子核，直徑僅原子的1萬分之1。原子核雖然小，但是個非常重（密度很大）的粒子，整個原子的質量幾乎都集中在原子核上。原子核的電荷為＋Z，故整個原子為電中性。

原子有個特徵，那就是原子間可以鍵結（產生化學反應）形成分子。而且，只有電子雲會參與化學反應。

週期表

1 H																	2 He
3 Li	4 Be											5 B	6 C	7 N	8 O	9 F	10 Ne
11 Na	12 Mg											13 Al	14 Si	15 P	16 S	17 Cl	18 Ar
19 K	20 Ca	21 Sc	22 Ti	23 V	24 Cr	25 Mn	26 Fe	27 Co	28 Ni	29 Cu	30 Zn	31 Ga	32 Ge	33 As	34 Se	35 Br	36 Kr
37 Rb	38 Sr	39 Y	40 Zr	41 Nb	42 Mo	43 Tc	44 Ru	45 Rh	46 Pd	47 Ag	48 Cd	49 In	50 Sn	51 Sb	52 Te	53 I	54 Xe
55 Cs	56 Ba	鑭系元素	72 Hf	73 Ta	74 W	75 Re	76 Os	77 Ir	78 Pt	79 Au	80 Hg	81 Tl	82 Pb	83 Bi	84 Po	85 At	86 Rn
87 Fr	88 Ra	錒系元素	104 Rf	105 Db	106 Sg	107 Bh	108 Hs	109 Mt	110 Ds	111 Rg	112 Cn	113 Nh	114 Fl	115 Mc	116 Lv	117 Ts	118 Og

鑭系元素	57 La	58 Ce	59 Pr	60 Nd	61 Pm	62 Sm	63 Eu	64 Gd	65 Tb	66 Dy	67 Ho	68 Er	69 Tm	70 Yb	71 Lu
錒系元素	89 Ac	90 Th	91 Pa	92 U	93 Np	94 Pu	95 Am	96 Cm	97 Bk	98 Cf	99 Es	100 Fm	101 Md	102 No	103 Lr

原子序與原子量

元素符號	H	C	N	O	S	Cl
原子序（Z）	1	6	7	8	16	17
原子量	1	12	14	16	32	35.5

原子結構

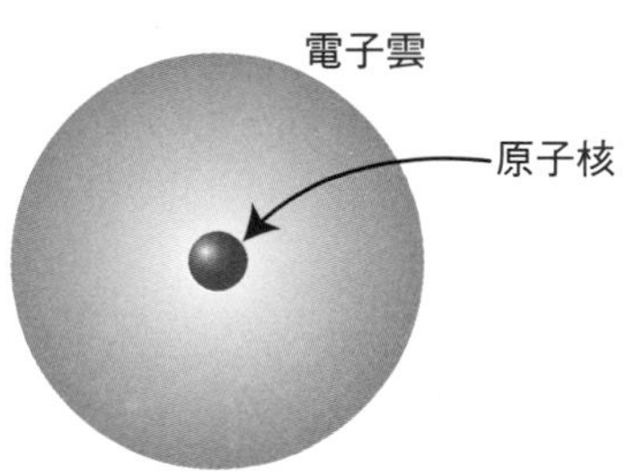

2-2

分子是什麼？

高分子指的是分子量很大的分子，也就是由許多原子構成的分子。那麼分子又是什麼呢？

分子的種類

分子是由多個原子結合而成的結構。其中，由多種原子結合成的分子叫做化合物。而像是H_2、O_2或者是臭氧O_3這種由同種原子構成的分子，就叫做單質。也就是説，化合物與單質都是分子的一種。

氧氣分子與臭氧分子都是由氧原子構成的單質分子。這種由同種元素構成的單質，彼此互為同素異形體。鑽石與鉛筆筆芯的石墨都是由碳構成的單質。1985年以來陸續發現的富勒烯與奈米碳管皆為高對稱性的美麗分子，且都是由碳構成的分子，這些分子都是同素異形體。碳、硫、磷等元素皆含有多種同素異形體。

有機分子與無機分子

以前人們認為醣類、蛋白質等組成生物體的分子，只有在生物體內才能合成，所以把這些分子稱為有機分子。不過，隨著化學的發展，科學家們發現這些分子也可以在人為的化學反應下合成出來。

因此，現在我們對有機分子的定義是「除了一氧化碳CO、二氧化碳CO_2、氰化氫HCN等結構簡單之分子之外的含碳化合物」。碳的同素異形體皆為只含碳的分子，一般我們不會把它們視為有機分子，而是歸類為無機分子。

可構成有機化合物的原子種類相當少。有機化合物中，主要元素為碳C、氫H，另外還含有少量的氧O、氮N、硫S、磷P。有機化合物有時會被稱為有機分子或者是有機物。其中，含有金屬原子的有機化合物，也叫做有機金屬化合物。

除了有機化合物以外的所有分子，都屬於無機化合物。所以無機化合物可以說是包含碳與氫在內，週期表中118種元素的排列組合。

分子的種類

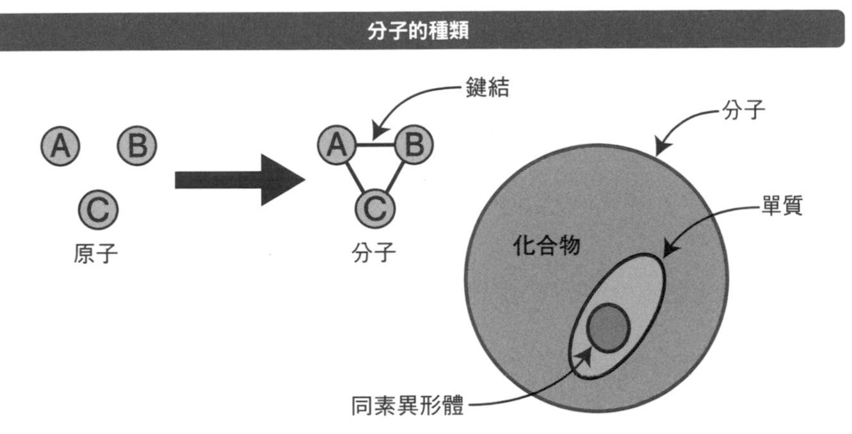

碳的同素異形體

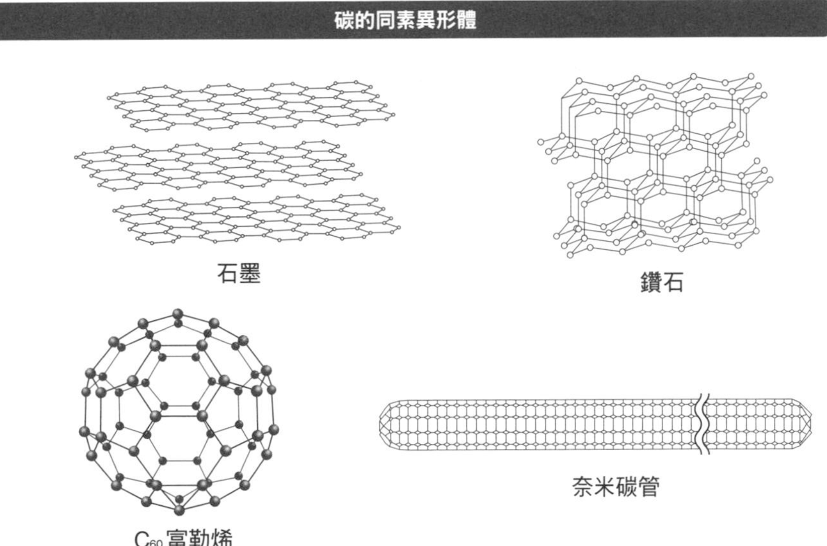

2-3

離子是什麼？

原子或分子有時會放出電子、吸收電子，形成帶電粒子，這種帶電粒子一般稱為離子。

原子的離子

原子A放出1個電子時，原子核的電荷會比電子雲的電荷還要多1，所以原子的電荷會變成＋1。這種粒子就叫做陽離子，寫做A^{+}。如果放出2個電子，會變成2價陽離子A^{2+}。相對的，如果A吸收1個電子，就會變成1價陰離子A^{-}。

有些原子容易釋放出電子，轉變成陽離子；有些原子則容易吸收電子，轉變成陰離子。原子的電負度，代表該原子吸收電子的難度。電負度愈大的原子，愈容易吸收電子，形成帶電的陰離子。由右頁圖中可以看出，週期表中愈右上方的原子，愈容易形成陰離子；愈左下方的原子，愈容易形成陽離子。與有機化合物有關的的原子中，電負度的順序為$H<C<N<O$。

分子的離子、自由基

之後我們會在説明共價鍵的章節中提到，當2個原子A、B鍵結形成分子AB時，兩原子間存在2個電子，這2個電子叫做鍵結電子。

如果我們切斷了分子AB的鍵結的話，應該如何處理這2個鍵結電子呢？方法有2種。

①A與B分別拿到1個電子。

②某個原子將2個電子一起帶走。

①會形成A·與B·。這裡的（·）表示電子。A·與B·就是原本的原子A與原子B，不過這裡特別稱為自由基。而電子（·）稱為自由基電子。這種切斷鍵結的方式稱為均勻分裂。

②則是由A吸收了2個電子，此時的A比原子A（自由基A）還多了1個電子，故會成為1價陰離子A^-。相對的，B會比原子狀態少1個電子，成為1價陽離子B^+。這種切斷鍵結的方式稱為非均勻分裂。

原子的離子

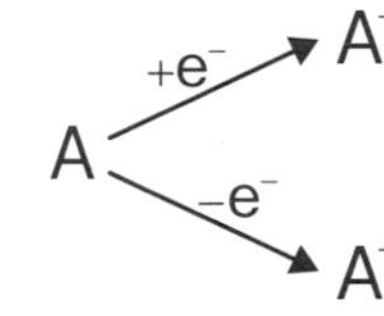

電負度的週期性

H 2.1							He
Li 1.0	Be 1.5	B 2.0	C 2.5	N 3.0	O 3.5	F 4.0	Ne
Na 0.9	Mg 1.2	Al 1.5	S 1.2	P 2.1	S 2.5	Cl 3.0	Ar
K 0.8	Ca 1.0	Ga 1.3	Ge 1.8	As 2.0	Se 2.4	Br 2.8	Kr

分子的離子與自由基

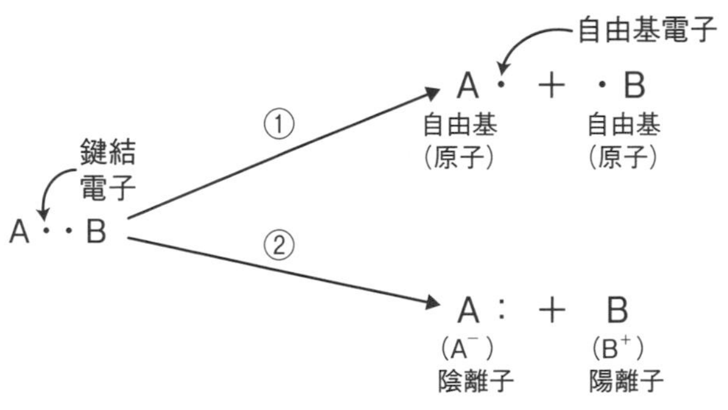

2-4

離子鍵、金屬鍵是什麼？

將原子與原子連接成分子的力量，稱為化學鍵，或者也稱為鍵結。鍵結有許多種類，一般最常聽到的包括有離子鍵、金屬鍵、共價鍵等。

離子鍵

帶有相同電荷的2個粒子之間會彼此排斥，這種力量稱為靜電斥力。相對的，帶有相反電荷的粒子會彼此吸引，這種力量稱為靜電引力。

考慮原子或分子的層次，如果2個離子的電荷相反，也就是1個陽離子、1個陰離子，那麼2個粒子會彼此吸引，鍵結在一起。這種鍵結一般就叫做離子鍵。鈉離子Na^+與氯離子Cl^-可以透過離子鍵，結合成我們熟知的氯化鈉（食鹽）NaCl。

金屬鍵

金屬原子M可放出多個（假設是n個）電子，成為n價陽離子M^{n+}。此時釋放出來的電子稱為自由電子，而M^{n+}則稱為金屬離子。

金屬固體（金屬結晶）中的金屬離子會在三維空間中依一定規則排列堆積，它們的周圍則由許多自由電子如水一般漂動。帶正電的M^+與帶負電的自由電子e^-會因靜電引力彼此吸引。連續分布的M^{n+}-e^- -M^{n+}使M^{n+}處於由許多電子構成的漿糊中，這種鍵結方式就叫做金屬鍵。

金屬的自由電子十分重要，表現出了金屬的特徵，導電性就是其中之一。電流是電子的流動。電子從A處移動到B處時，電流就從B處移動到A處。若電子在某物質中能任意移動，該物質就是導體；若電子難以移動，則是絕緣體；半導體則介於兩者之間。

金屬內的自由電子可自由移動。但如果M^{n+}也在振動，就會干擾到自由電子，使其難以移動。M^{n+}的振動與溫度成正比，所以金屬在低溫環境下的導電度比較高，或者說電阻比較低。而在接近絕對零度時，電阻會突然降至0，導電度上升到無限大。這種狀態稱為超導狀態。磁力超強的電磁石（超導磁石）就是運用這種原理製成。

離子鍵

金屬鍵

電子之海
自由電子的移動
常溫熱振動
金屬原子
極低溫下固定
e⁻

導電度
超導狀態
導電度
電阻
電阻
0
Tc 臨界溫度
T

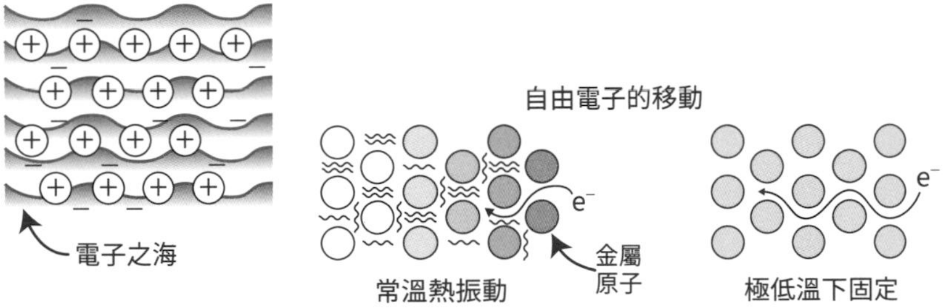

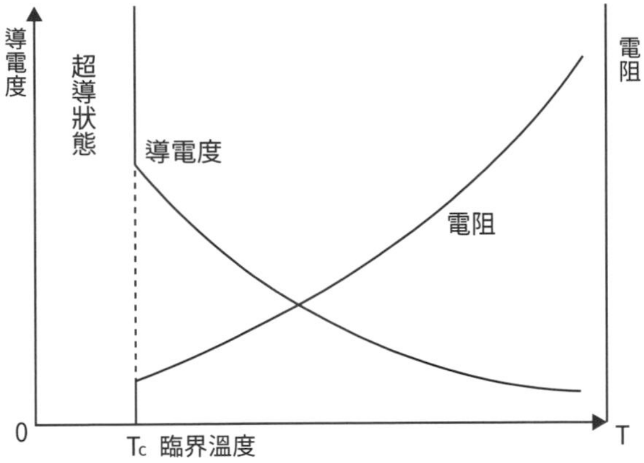

2-5

共價鍵是什麼？

高分子是一種有機化合物。有機化合物的原子幾乎都是透過共價鍵結合成分子。

化學鍵

原子間可彼此結合成分子。有機分子內的原子會透過共價鍵彼此結合。共價鍵中，2個原子會分別拿出1個鍵結用電子分享共用，透過共用2個電子來形成鍵結。這2個電子又稱為鍵結電子。

我們常用2個原子的「握手」來比喻共價鍵，這樣會好懂許多。這時的「手」就相當於原子的鍵結用電子，這裡我們暫且把它稱為「鍵結手」吧。所以說，「1個鍵結用電子就相當於1隻鍵結手」。

鍵數

像氫這種只有1個鍵結用電子的原子，就只能伸出1隻手來握手。而像氧這種有2個鍵結電子的原子，就可以伸出2隻手來握手，也就是可以形成2個鍵結。右頁表中列出了數種原子分別可以形成的鍵數。

碳有4個鍵結用電子，故可形成4個鍵結。問題在於這4隻鍵結手的方向。這4隻手並非朝著前後左右伸出，而是朝著正四面體的4個頂點方向伸出，外型就像海岸會看到的消波塊。

共價鍵包括單鍵、雙鍵、三鍵，分別表示1對、2對、3對握手般的鍵結。就碳原子而言，可能會生成的共價鍵排列組合共有4種，如下所示。

①4個單鍵

②1個雙鍵＋2個單鍵

③1個三鍵＋1個單鍵

④2個雙鍵

右頁列出了①～④的鍵結示意圖。②的雙鍵兩邊共6個原子在同一平面上，整個分子呈平面狀。③的三鍵則會讓4個原子排列在一條直線上。

鍵結數

原子	H	C	N	O	F	Cl
鍵結數	1	4	3	2	1	1

共價鍵的種類

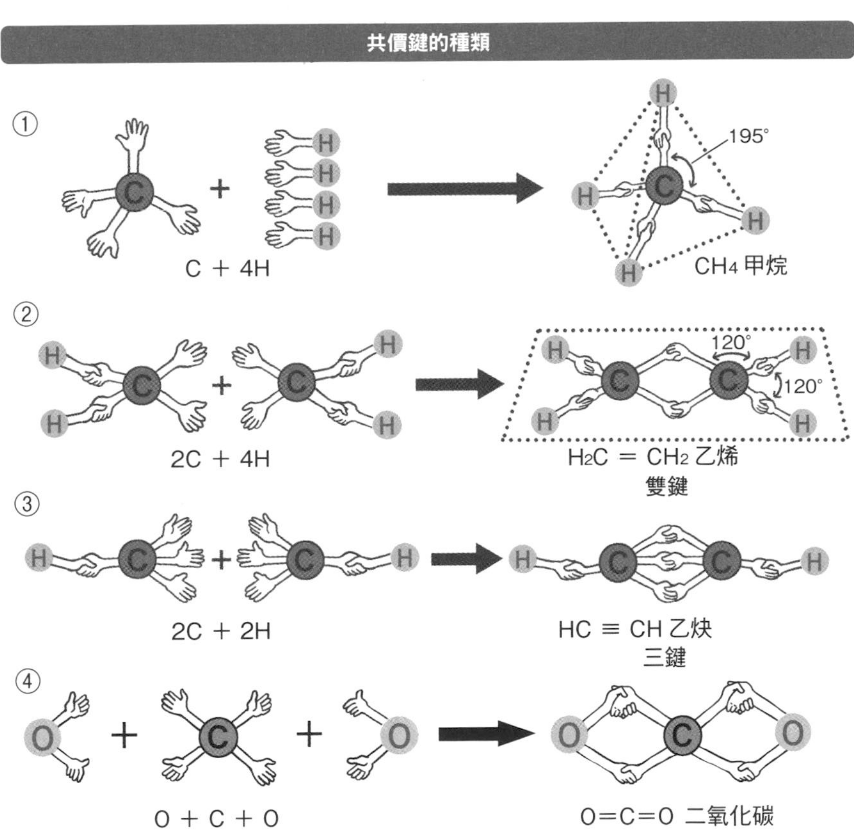

2-6

分子間力是什麼？

化學鍵是連結原子與原子的力。分子與分子間也存在類似的力，這種力比化學鍵還要弱，不稱為鍵結，而是稱為「分子間力」。

氫鍵

如同前面講到電負度時說的，原子可能會吸引電子，轉變成帶有負電荷的粒子；也可能會放出電子，轉變成帶有正電荷的粒子。前者如氧原子O，易帶有負電荷；後者則如氫原子H，易帶有正電荷。因此，水H-O-H的結構如右頁圖所示，具有離子性（極性）。這種現象稱為極化。

這會讓水分子內的氧原子與其他水分子的氫原子之間產生靜電引力。這種靜電引力一般被稱為氫鍵。氫鍵不只會發生在O-H之間，也會發生在N-H、S-H之間。

DNA的立體結構中，2條DNA分子會彼此吸引纏繞，形成著名的雙螺旋結構，這種吸引力就是來自氫鍵。氫鍵也在蛋白質、酵素等生物體內分子中扮演著重要角色。

凡得瓦力

氫鍵是極化後的離子性分子間的作用力。電中性的分子之間也存在吸引力，那就是所謂的凡得瓦力。凡得瓦力在塑膠內扮演著重要的角色。

凡得瓦力由多種因素造成，是相當複雜的力。譬如分散力就是種代表性的凡得瓦力。

分散力源自電子雲的浮游性。為簡化說明，以下將以原子為例。如果電子雲平均分布在原子核周圍，厚度處處均等，那麼原子的每個地方都是電中性。

不過電子雲就像「雲」一樣，時常處於流動狀態。在某個瞬間，原子核的位置可能會偏離電子雲的中心。於是，原子就會出現帶正電的部分，以及帶負電的部分。這種電荷暫時性的偏離，會讓相鄰原子的電子雲變形，使其也產生電荷。於是2個原子間會產生吸引力，這就是所謂的分散力。分散力就像幻影般會突然出現又突然消失，但對整個分子集團而言，是相當強的吸引力。

不過，凡得瓦力的強度與分子間距離的6次方成反比。如果分子分布密集，凡得瓦力的作用就會相當強；但如果分子彼此距離遙遠，效果就會急速下降。

氫鍵

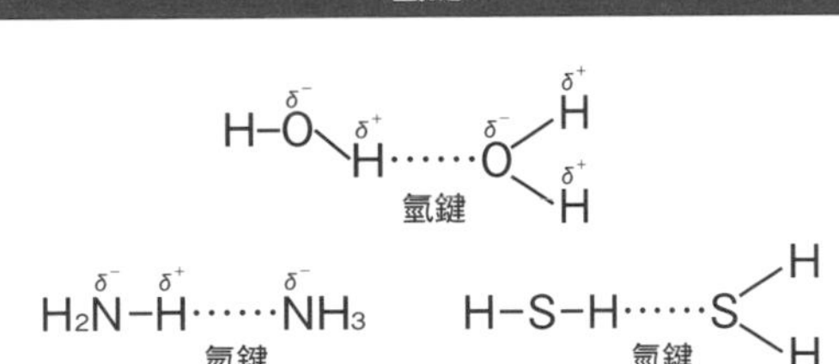

凡得瓦力

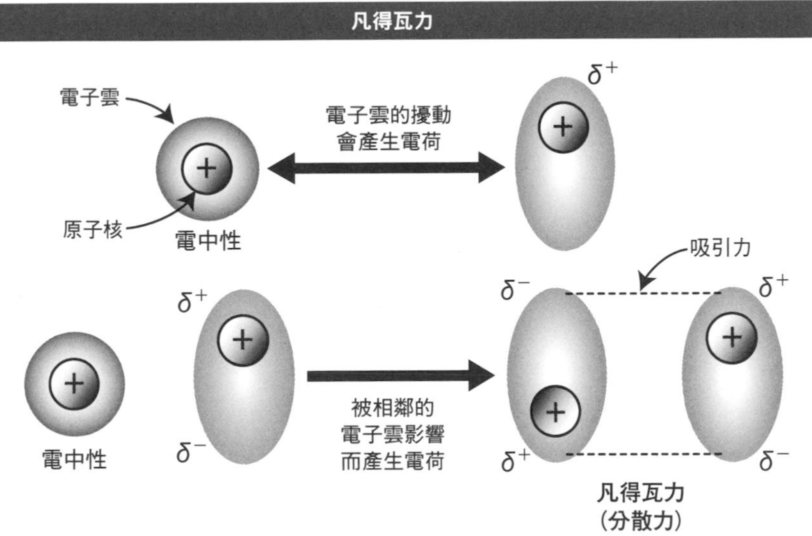

2-7

分子式與結構式

分子由數個且多種原子構成。因此，分子種類繁多，有大有小，有單純的分子，也有複雜的分子。

分子的結構與大小

水分子由1個氧原子O與2個氫原子H構成。我們可以用「H_2O」表示水分子，這就是水的分子式。

不過，即使看到水的分子式，也不曉得這3個原子是以H-O-H的順序排列，還是以H-H-O的順序排列。如果依照分子實際的排列順序，寫出H-O-H，就叫做結構式。右頁圖中列出了數種分子的結構式。

分子的結構式相當複雜。如果把每個元素符號都寫出來，會變得有些雜亂無章而難以閱讀，所以一般會改寫成較簡略的形式。右頁表中的欄1為最仔細的書寫方式，欄2是將鄰近的碳與氫寫在一起。要是這樣看起來還是過於複雜的話，就會用欄3的方式書寫。欄3的書寫方式需遵循以下原則。

①直線兩端與凹折處皆為碳原子。

②所有的碳原子皆充分與氫原子鍵結。

③雙鍵、三鍵分別以雙線、三線表示。

分子量

分子種類繁多，從最簡單的到最複雜的都有。最小的分子是由2個最小原子——氫所組成的氫分子H_2。形狀為橢球體，看起來就像橄欖球一樣。另外，還有許多龐大且形狀複雜的分子，譬如負責遺傳的DNA，就是最複雜的分子之一。就天然高分子而言，DNA是非常長的分子；就人類而言，1條DNA的長度約有10cm左右。聚乙烯等合成高分子也是一種長分子。

每個原子都有質量，同理分子也有質量。分子的質量可以用分子量來表示。分子量就是構成該分子之所有原子的原子量總和。水H_2O的分子量為1×2＋16＝18。

分子式與結構式

名稱	分子式	結構式
氫	H_2	H−H
水	H_2O	H−O−H
甲烷	CH_4	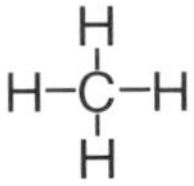 H−C(H)(H)−H

味精

$C_5H_8NNaO_4$

$HOOC-CH_2-CH_2-CH(NH_2)-COOH$

結構式的例子

分子式	結構式		
	欄1	欄2	欄3
C_4H_{10}	 H-C-C-C-C-H（各C上下接H）	CH_3-CH_2-CH_2-CH_3 CH_3-$(CH_2)_2$-CH_3	
C_4H_{10}	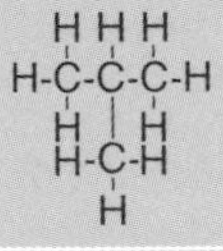 H-C-C-C-H（中央C接C-H₃）	CH_3-CH-CH_3 　　CH_3	
C_2H_4	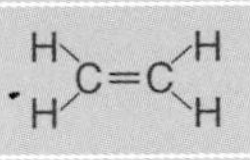 H₂C=CH₂（H-C=C-H）	$H_2C=CH_2$	
C_3H_6	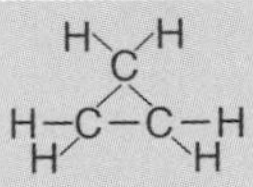 H-C-C-H（環，頂端C接H、H）	CH_2 CH_2—CH_2	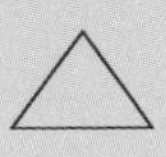
C_3H_6	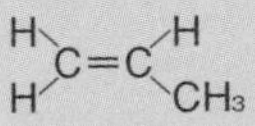 H,H>C=C<H,CH_3	$H_2C=CH$-CH_3	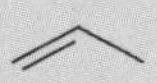
C_6H_6	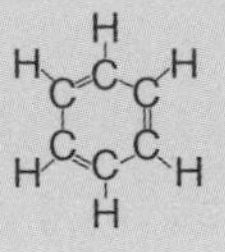 六個C成環，各接H	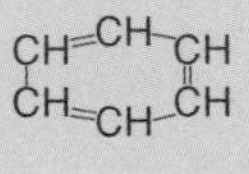 CH=CH-CH CH-CH=CH	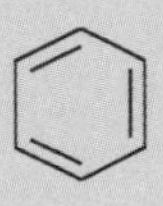

2-8

取代基的種類與結構

有機化合物的種類多到數不清，可以說是天文數字。雖然每種分子都有各自的性質、活性，不過我們也可以把相似的分子分成一群一群。

取代基

有機分子的性質由其分子結構的特定部位（原子團）決定，這種原子團就叫做取代基。取代基就像人類的「臉」一樣，只要知道分子有什麼取代基，即使沒有把分子從頭到尾都分析一遍，也能大致掌握分子的性質與活性。

取代基的種類與性質

以下列出代表性的取代基名稱與結構。取代基可以分成烷基與官能基2種。烷基只包含碳C與氫H原子，且原子間只以單鍵相連，是非常基本的取代基。本書的烷基只會出現甲基與乙基。

官能基是可以決定分子性質、活性的重要取代基。許多官能基除了碳、氫原子之外，還包含了雙鍵，以及氧O、氮N等一般稱為「雜原子」的原子。較重要的取代基如下。

苯基C_6H_5：擁有這種官能基的化合物，就是所謂的芳香族，也叫做芳香族化合物。但不表示這類分子就一定「芳香」。

羥基OH：擁有這種官能基的化合物一般稱為醇類。

羰基C=O：擁有這種官能基的化合物稱為酮類或羰基化合物，反應活性相當大。

羧基COOH：擁有這種官能基的化合物為酸性，一般稱為羧酸或有機酸。

胺基NH_2：擁有這種官能基的化合物為鹼性。

烷基與官能基

	取代基	名稱	一般式	一般名稱	例	
烷基	$-CH_3$	甲基			CH_3-OH	甲醇
烷基	$-CH_2CH_3$	乙基			CH_3-CH_2-OH	乙醇
烷基	$-CH(CH_3)_2$	異丙基			$(CH_3)_2CH-OH$	異丙醇
官能基	$-C_6H_5$ ※	苯基	$R-C_6H_5$	芳香族	$CH_3-C_6H_5$	甲苯
官能基	$-CH=CH_2$	乙烯基	$R-CH=CH_2$	乙烯基化合物	$CH_3-CH=CH_2$	丙烯
官能基	$-OH$	羥基	$R-OH$	醇 酚	CH_3-OH C_6H_5-OH	甲醇 酚
官能基	$>C=O$	羰基	$R_2C=O$	酮	$(CH_3)_2C=O$ $(C_6H_4)_2C=O$	丙酮 二苯基甲酮
官能基	$-CHO$	甲醯基	$R-CHO$	醛	CH_3-CHO C_6H_5-CHO	乙醛 苯甲醛
官能基	$-COOH$	羧基	$R-COOH$	羧酸	CH_3-COOH C_6H_5-COOH	醋酸 苯甲酸
官能基	$-NH_2$	胺基	$R-NH_2$	胺	CH_3-NH_2 $C_6H_5-NH_2$	甲胺 苯胺
官能基	$-NO_2$	硝基	$R-NO_2$	硝基化合物	CH_3-NO_2 $C_6H_5-NO_2$	硝基甲烷 硝基苯
官能基	$-CN$	腈基	$R-CN$	腈基化合物	CH_3-CN C_6H_5-CN	乙腈 苯甲腈

※苯基常用$-C_6H_5$表示，譬如甲苯可以寫成$CH_3-C_6H_5$

2-9

低分子、高分子、超分子

分子量小的分子也叫做低分子，大分子也叫做高分子。高分子多為由單體分子聚合而成的巨大分子。類似的概念還包括超分子。兩者究竟有什麼差別呢？

高分子

高分子的研究開始於1900年代初期，當時學會的學者們針對高分子的結構進行了一場大爭論。說是大爭論，其實是一位德國化學家（施陶丁

赫爾曼・施陶丁格

格）vs（世界上其他所有化學家）這種勢力相差懸殊的情況。

當時許多化學家認為，高分子「只是許多單體分子的集合」。相較於此，施陶丁格則主張「高分子中的單體分子之間會藉由共價鍵形成堅固的連結」。

後來，施陶丁格投入大量精力進行實驗及研究，陸續提出許多可以證實自我主張的證據，並在學會上逐一報告。最後其他化學家們終於認同了施陶丁格的主張，他也因為這些貢獻而獲得了1953年的諾貝爾獎，今日被尊稱為「高分子之父」。

超分子

那麼，施陶丁格以外的化學家的主張都是錯的嗎？也不全然如此。他們主張的「由許多單體分子集合而成」的東西，也就是「如巨大分子般的集合體」確實存在。

這種分子集團現在一般稱為「超分子」。我們的周圍就存在許多超分子，譬如肥皂泡就是其中之一。肥皂泡是由許多肥皂分子聚集而成的膜，膜再內陷成袋狀包裹住空氣。細胞膜也有類似的結構，細胞膜是由名為磷脂的單體分子聚集而成的膜。另外，液晶電視中的液晶也是一種超分子。

擁有雙螺旋結構的DNA，也是由2條DNA分子以分子間力（氫鍵）互相吸引形成的超分子。2條DNA鏈分別是1個高分子，所以雙螺旋結構的DNA就是由高分子組成的超分子對吧。施陶丁格那個年代的學者們要

高分子與超分子的差異

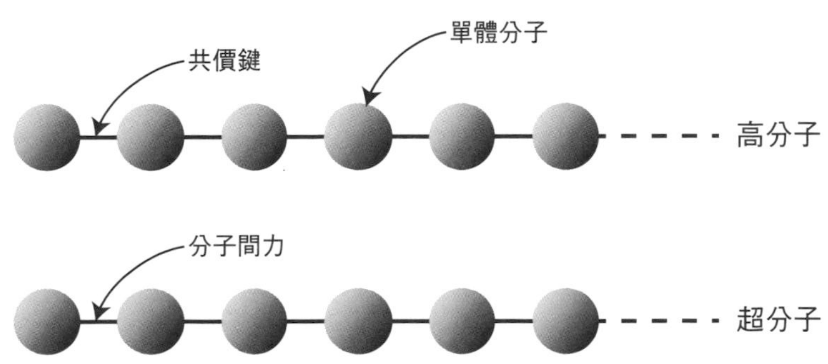

是知道這件事的話，不曉得會有什麼反應。

超分子的例子

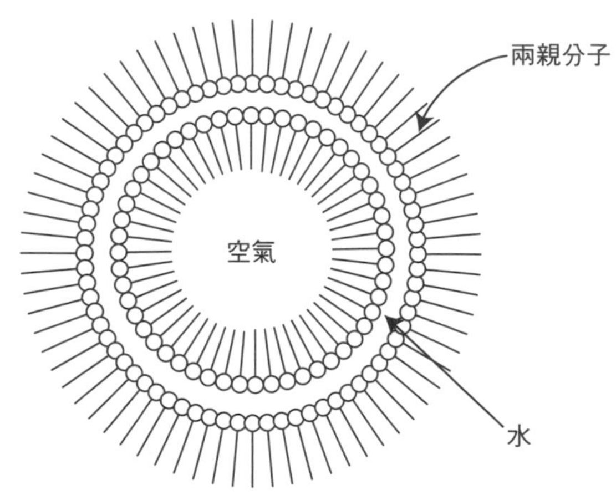

DNA的雙螺旋

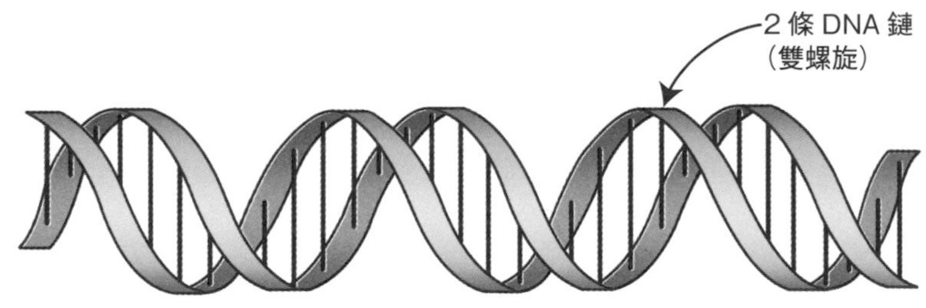

第 3 章

高分子的分子結構

甲烷為四面體形，苯為正六邊形。那麼更大的高分子又是什麼形狀呢？高分子可以分成2大類，包括熱塑性聚合物與熱固性聚合物，它們分別具有什麼樣的形狀及性質呢？

3-1

由單一種單體分子製成的熱塑性聚合物

高分子可以分成2類，分別是加熱後會軟化的熱塑性聚合物，以及不會軟化的熱固性聚合物。兩者結構完全不同，其中熱塑性聚合物是由許多單體分子呈直線狀排列（一維）鍵結而成的分子。

聚乙烯的結構

聚乙烯是典型的高分子，也是典型的熱塑性高分子。它的英文名字「polyethylene」，就表示它有著高分子結構。「poly」源自希臘語的數詞，表示「大量」的意思。也就是說，polyethylene是許多名為「ethylene」（乙烯）的單一種類分子，大量結合而成的聚合物。

如同我們前面提到的，乙烯的C=C雙鍵由2對對握的手（共價鍵）組成。斷開其中1對對握的手之後，2個碳原子就會分別空下1隻手（鍵結手）。這隻鍵結手可以再和其他鍵結手握手（鍵結）。另一方面，相鄰的乙烯分子也會斷開1對對握的手，然後與前面那個乙烯分子握手，如此一來，2個乙烯分子就會鍵結在一起了。

這種反應反覆進行時，乙烯這個單體分子就能串連成一個碳長鏈，持續延伸下去。這種反應一般稱為「聚合反應」。

聚乙烯與碳氫化合物

聚乙烯是固態高分子。另一方面，甲烷CH_4則是作為天然氣主要成分的氣體。這2種分子都是由碳C與氫H的原子構成，這類分子一般稱為碳氫化合物。

碳氫化合物的種類多到數不清，而它們的差異主要來自碳的個數。只有1個碳時稱為甲烷，2個碳時稱為乙烷，3個碳時稱為丙烷，4個碳時稱為丁烷，5個碳時稱為戊烷。在5個碳以內的碳氫化合物為氣態，6個碳以上的話則是液態。

石油是由多種碳氫化合物構成的混合物。石油提煉出來的產品中，從碳數少、沸點低的產品算起，依序為汽油、煤油、柴油、重油，這些都是液態，不過當碳數大於20個左右時，就會得到固態的石蠟，而當數千個碳串聯在一起時，就是聚乙烯。也就是說，天然氣、石油、聚乙烯是組成相似的分子。

聚乙烯的結構

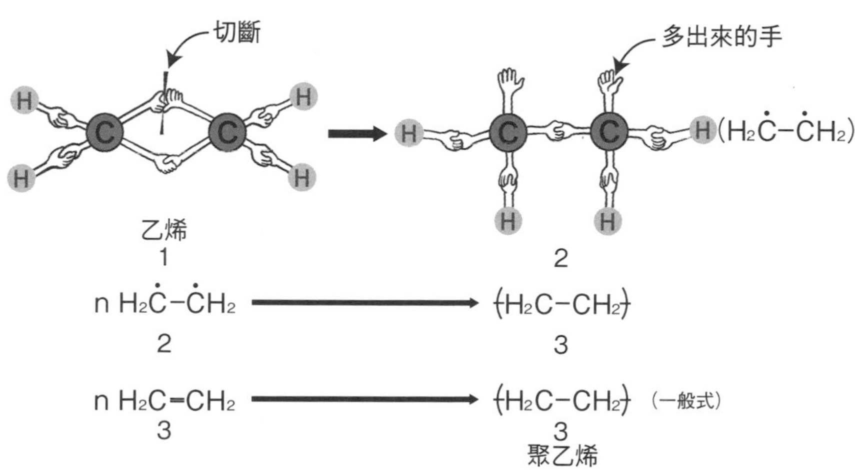

碳氫化合物的種類與差異

名稱	沸點	碳數	用途
石油醚	30～70	～6	溶劑
石油精	30～150	5～7	溶劑
汽油	30～250	5～10	汽車、飛機燃料
煤油	170～250	9～15	汽車、飛機燃料
柴油	180～350	10～25	柴油引擎燃料
重油	–	–	鍋爐燃料
石蠟	–	＞20	潤滑劑
聚乙烯	–	～數千	塑膠

3-2
聚乙烯家族

如果乙烯的4個氫中，有幾個被取代基取代成其他東西，就稱為乙烯衍生物，由乙烯衍生物聚合而成的高分子，就叫做乙烯衍生物聚合物。乙烯衍生物聚合物是塑膠中種類最多的大家族。多數乙烯衍生物聚合物沒有甚麼特別的性質，卻因為可以大量生產、價格低廉，而成為相當泛用的高分子物質。

僅1個取代基的乙烯衍生物聚合物

乙烯衍生物的聚合物種類繁多，右頁將常見的種類整理成表。首先，讓我們來看看只有1個取代基的乙烯衍生物聚合物。

聚氯乙烯：使用範圍廣，譬如底片、地毯、水管、軟管等都有聚氯乙烯製的產品。若在400℃以下低溫燃燒，會產生公害物質戴奧辛。

聚苯乙烯：由發泡劑發泡製造的「保麗龍」，就是聚苯乙烯。除了可以做為緩衝材料、隔熱材料之外，超市的生魚片容器也會用到保麗龍。

聚丙烯：用途很廣，譬如文具或家電產品的外殼等。

聚丙烯腈：可製成細軟的纖維，用於製作毛毯、毛衣、人偶的毛髮等。

聚醋酸乙烯酯：與水混合可製成木工用白膠。

聚乙烯醇：溶於水中後有黏性，可製成郵票黏著劑。

有多個取代基的乙烯衍生物聚合物

聚偏二氯乙烯：可隔絕氣體與氣味分子，故可用於製造家庭用保鮮膜。

聚甲基丙烯酸甲酯：又稱為壓克力。透明度高，故可用於製作水族館水槽、隱形眼鏡等。

鐵氟龍：乙烯的4個氫全被取代成氟F後形成的單體分子。耐化學藥劑性非常強，可承受100～200℃的高溫，摩擦係數非常小，撥水性高（水滴不易附著），用途廣泛，譬如平底鍋的塗層、傘或雨衣的撥水劑等。

乙烯衍生物的例子

$$n\ H_2C{=}\underset{\displaystyle Cl}{\underset{|}{C}}H \xrightarrow{\text{聚合反應}} \left(H_2C-\underset{\displaystyle Cl}{\underset{|}{C}}H\right)_n$$

氯乙烯　　　　聚氯乙烯

乙烯衍生物的聚合物種類

	名稱	略稱	單體分子
1個取代基	聚乙烯	PE	$H_2C{=}CH_2$
	聚氯乙烯	PVC	$H_2C{=}CH{-}Cl$
	聚苯乙烯	PS	$H_2C{=}CH{-}C_6H_5$
	聚丙烯	PP	$H_2C{=}CH{-}CH_3$
	聚丙烯腈	PAN	$H_2C{=}CH{-}CN$
	聚醋酸乙烯酯	PVAc	$H_2C{=}CH{-}O{-}COCH_3$
	聚乙烯醇	PVAL	$(H_2C{=}CH{-}OH)$※ ※無法以單體形式存在
2個以上的取代基	聚偏二氯乙烯	PVDC	$H_2C{=}CCl_2$
	聚甲基丙烯酸甲酯	PMMA	$H_2C{=}C(CH_3){-}C({=}O){-}OCH_3$
	鐵氟龍® （聚四氟乙烯）	PTFE	$F_2C{=}CF_2$

3-3

由多種單體分子製成的熱塑性聚合物

一般的塑膠為熱塑性聚合物。有些熱塑性聚合物是由2種單體分子交替排列鍵結而成的高分子，尼龍與PET就是這種聚合物。

尼龍66

1935年，美國的年輕化學家卡羅瑟斯發明了尼龍，並於1938年發表，是人類史上第一個合成纖維，有劃時代的意義。那時曾以「比蜘蛛絲細，卻比鋼鐵堅硬」的廣告詞轟動全世界。

尼龍是由己二酸與己二胺這2種單體分子交替排列，鍵結而成的高分子。己二酸為羧酸分子，擁有2個羧基-COOH。另一方面，己二胺為胺類，擁有2個胺基-NH_2。這2種取代基可脫去1個水分子H_2O後鍵結在一起，稱為醯胺化。這種2個分子脫去1個水分子後鍵結的反應，一般稱為脫水縮合反應。醯胺化後得到的化合物稱為醯胺。因此，尼龍一般被歸類為一種聚醯胺。

構成尼龍的2種單體分子皆含有6個碳原子，故也被稱為尼龍66。相對於此，有一種尼龍的單體分子內同時含有羧基與胺基，這種分子聚合成的高分子則叫做尼龍6，是日本人發明的聚合物。

一般而言，尼龍66有著絹絲的觸感，尼龍6則有著綿布的觸感。

PET

PET（Poly Ethylene Terephthalate）是由名為對苯二甲酸的羧酸，以及名為乙二醇的醇類，在脫水縮合後形成的高分子。

羧酸與醇類脫水縮合後得到的化合物，一般稱為酯。因此，PET是一種酯。

我們熟知的寶特瓶就是由PET製成。此外，PET還可製成合成纖維，也就是我們常聽到的聚酯纖維。我們會在之後的章節中介紹聚酯纖維。

尼龍66與尼龍6

$$R-\overset{O}{\overset{\|}{C}}-O-\boxed{H \quad H}-\overset{H}{\overset{|}{N}}-R' \xrightarrow[\text{醯胺化 脫水縮合}]{-H_2O} R-\overset{O}{\overset{\|}{C}}-\overset{H}{\overset{|}{N}}-R'$$

羧酸　胺　醯胺

$$nHO-\overset{O}{\overset{\|}{C}}-(CH_2)_4-\overset{O}{\overset{\|}{C}}-OH + nH-\overset{H}{\overset{|}{N}}-(CH_2)_6-\overset{H}{\overset{|}{N}}-H$$

己二酸　己二胺

$$\longrightarrow \left(\overset{O}{\overset{\|}{C}}-(CH_2)_4-\overset{O}{\overset{\|}{C}}-\overset{H}{\overset{|}{N}}-(CH_2)_6-\overset{H}{\overset{|}{N}}\right)_n$$

尼龍 66

$$nHO-\overset{O}{\overset{\|}{C}}-(CH_2)_5-\overset{O}{\overset{\|}{N}}-H \longrightarrow \left(\overset{O}{\overset{\|}{C}}-(CH_2)_5-\overset{H}{\overset{|}{N}}\right)_n$$

尼龍 6

PET

$$R-\overset{O}{\overset{\|}{C}}-O-\boxed{H \quad H}-O-R' \xrightarrow[\text{酯化 脫水縮合}]{-H_2O} R-\overset{O}{\overset{\|}{C}}-O-R'$$

羧酸　醇　酯

$$nHO-\overset{O}{\overset{\|}{C}}-C_6H_4-\overset{O}{\overset{\|}{C}}-OH \qquad HO-CH_2CH_2-OH$$

苯二甲酸　乙二醇

$$\longrightarrow \left(\overset{O}{\overset{\|}{C}}-C_6H_4-\overset{O}{\overset{\|}{C}}-O-CH_2CH_2-O\right)_n$$

PET

3-4

熱塑性聚合物的立體結構

我們前面提到，乙烯衍生物聚合物就像繩子或毛線般，由一條長長的分子構成。不過，仔細比較後會知道，每種聚合物的立體結構各有不同，其性質也會隨著構造而改變。

碳原子的鍵結角度

碳原子擁有4隻鍵結手。不過就方向而言，這4隻鍵結手並非朝著正方形的4個頂點延伸。這4隻鍵結手會以碳原子核為中心，朝著正四面體這種立體形狀的4個頂點延伸，任2隻手的夾角皆為109.5度。不管是甲烷這種小分子的碳，還是高分子中的碳都一樣。換言之，聚乙烯內碳的鍵角也是109.5度。

我們可以用聚丙烯進一步描述這個情況。當乙烯的1個取代基被甲基-CH_3取代時，會得到丙烯，接著再高分子化成聚合物，就是聚丙烯。聚丙烯的碳鏈上，每隔1個碳就會伸出1個甲基。

高分子的立體異構物

依甲基的排列方式，我們可以將聚丙烯分成3種。碳的鍵角為立體配置，不過示意圖中則把每個鍵角都攤在平面上。

同排：所有甲基的方向皆相同。

對排：甲基的方向交替變換。

以上兩者為規律的配置。

雜排：甲基隨意地朝上或朝下延伸。

同排與對排為規律配置。相對於此，雜排則沒有規律。右頁也列出了三者的3D圖。觀看這些3D圖時，請將焦點放在書本後方遠處（平行法），應可看到它們的立體結構。

這些立體結構會影響到高分子的性質。規則排列的同排聚丙烯中，高分子鏈的所有甲基彼此間隔固定距離，故不同的分子可緊靠在一起。這種情況下會產生相對較大的分子間力，使同排聚丙烯擁有結晶性、強度較高。不過，光照到結晶的邊界時會反射，故同排聚丙烯為不透明的物質，就像刨冰一樣。

相對的，雜排聚丙烯的甲基之間會撞在一起，沒有結晶性。因此雜排聚丙烯的透明性較高。製造聚丙烯時，可用催化劑控制要製成哪一種聚丙烯。

聚丙烯的鍵結角度

$n\,\overset{\displaystyle CH_3}{\overset{|}{C}}H-CH_2$ →

同排：
$$-\overset{CH_3}{\overset{|}{C}}H-CH_2-\overset{CH_3}{\overset{|}{C}}H-CH_2-\overset{CH_3}{\overset{|}{C}}H-CH_2-\overset{CH_3}{\overset{|}{C}}H-CH_2-\overset{CH_3}{\overset{|}{C}}H-CH_2-$$

對排：
$$-\overset{CH_3}{\overset{|}{C}}H-CH_2-\underset{CH_3}{\underset{|}{C}}H-CH_2-\overset{CH_3}{\overset{|}{C}}H-CH_2-\underset{CH_3}{\underset{|}{C}}H-CH_2-\overset{CH_3}{\overset{|}{C}}H-CH_2-$$

雜排：
$$-\overset{CH_3}{\overset{|}{C}}H-CH_2-\underset{CH_3}{\underset{|}{C}}H-CH_2-\underset{CH_3}{\underset{|}{C}}H-CH_2-\underset{CH_3}{\underset{|}{C}}H-CH_2-\overset{CH_3}{\overset{|}{C}}H-CH_2-$$

高分子立體異構物的例子

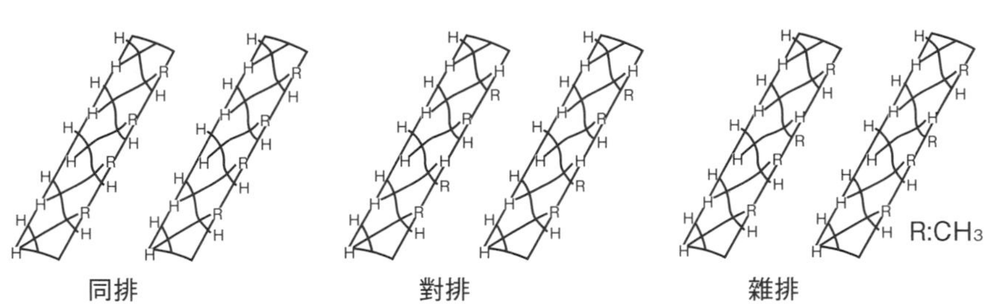

3-5

熱塑性聚合物的集合體

熱塑性聚合物的每個分子都有著毛線般的細長結構。不過，在製成塑膠時，許多聚集在一起的細長高分子會糾纏成一團。

物質的三態

水在低溫下會結晶（冰），室溫下為液態，高溫下為氣態（水蒸氣）。結晶、液態、氣態稱為物質的狀態。結晶狀態下的分子在三維空間中排列、堆疊得非常整齊。不過，轉變成液態時，就會喪失這種規則性，分子獲得熱能後就會任意運動，產生流動性。而氣態分子則會以接近噴射機的速度在空間中飛舞。

結晶、液態、氣態為物質的基本狀態，特稱為「物質的三態」。不過，物質的狀態並非只有這3種。玻璃為固體，但並非結晶。玻璃內的分子排列與液體一樣沒有規則。也就是說，玻璃可以看成是固定不動的液態物質。這種狀態稱為非晶固體（amorphous solid）。

結晶性與非晶性

熱塑性聚合物由許多毛線狀分子纏繞而成，就像纏繞在一起的釣線一樣。這種纏繞方式不可能出現大量規則的結晶。也就是說，熱塑性聚合物並不是結晶，而是和玻璃同樣為非晶固體。

右頁列出這種狀態的示意圖。不過仔細看會發現，高分子鏈在某些區域為平行排列，具有局部的規則性。這些區域的各分子鏈方向相同，分子的間隔狹小，這些區域稱為結晶性部分；此區之外其他無規則性的部分則稱為非晶性部分。

如同我們在前一節中所看到的，結晶性部分中，各分子會因為分子間力而互相吸引，結成一束，機械強度相當高，就像毛利元就「三矢之訓」的故事一樣。之後談到合成纖維時會再提到這點。

另外，在塑膠中前進的光線碰到結晶性部分時會反射，故結晶性合成樹脂的透明性相當差。就像一整塊冰塊的透明度很高，但敲碎成刨冰時，就會變得不透明一樣。

一般而言，橡膠的結晶化程度相當低，纖維的結晶化程度則較高。

物質三態

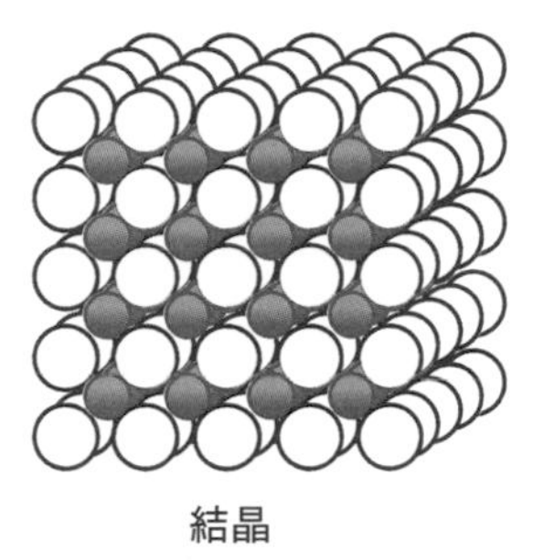
結晶

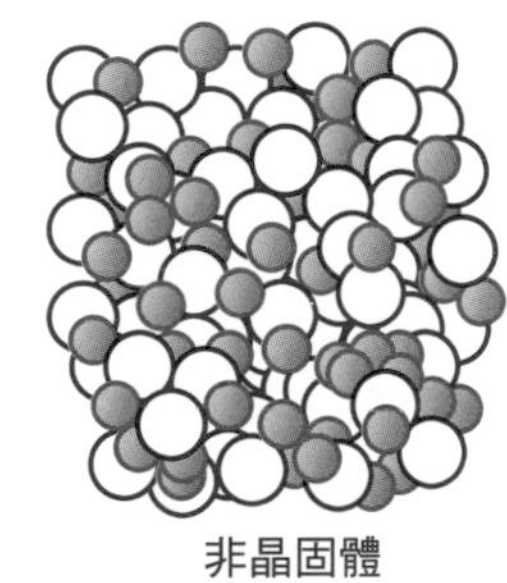
非晶固體

結晶性與非晶性的差異

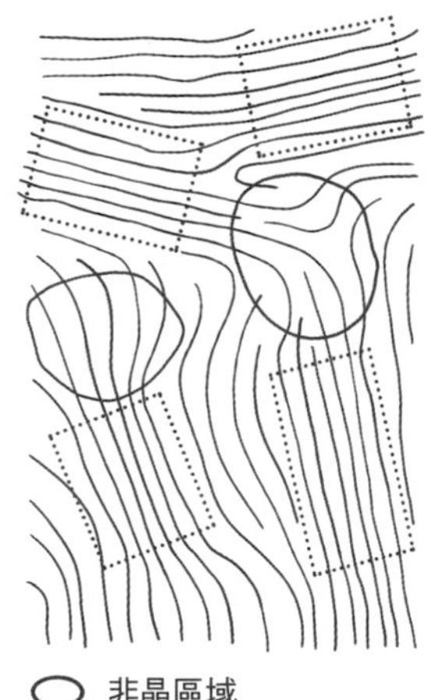
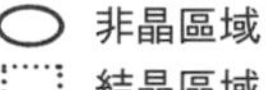
非晶區域
結晶區域

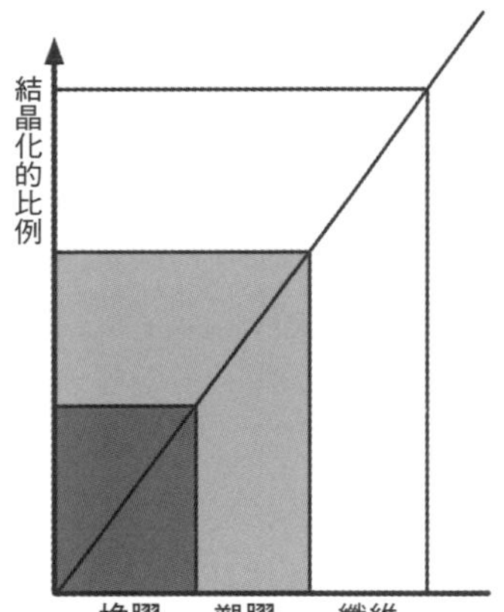

3-6

熱塑性聚合物的性質與成型

熱塑性聚合物與熱固性聚合物的性質有很大的差異。因此，有些專家會把熱固性聚合物歸類為非塑膠。

熱塑性聚合物的性質

聚乙烯、聚氯乙烯、尼龍、PET等我們熟悉的塑膠或合成纖維，全都是熱塑性聚合物。

這些合成樹脂最大的特徵，就是加熱後會變軟。塑膠的日文中也稱為「合成樹脂」，原本的樹脂在加熱後就會變軟，那麼塑膠在高溫下會變軟也是理所當然的事。

由熱塑性聚合物的分子結構看來，它們的特徵在於分子為長鏈狀。也就是說，幾乎所有本書至今提到的塑膠，都是熱塑性聚合物。熱塑性聚合物就是如此常見的高分子。

熱塑性聚合物的成型

熱塑性聚合物的最大優點，在於成型容易。熱塑性聚合物加熱後就會變軟，變冷後就會凝固，成型相當簡單。只要把它加熱，使其轉變成液狀，再倒入模具內冷卻就完成了。成型方式可分為2種。

射出成型：將液狀的塑膠倒入射出機內，然後射出至金屬模具。金屬模具由公模具與母模具組合而成。射出機會將塑膠射出至公母模具之間，待冷卻後再將模具分離就完成了。問題在於能否製作出精準的模具，不過日本在這方面的技術相當優異。

吹氣成型：顧名思義，就是像吹氣球一樣把塑膠吹大的製程。將熔融態的塑膠沾附在管道末端，然後將管道放入模具中使其膨脹，讓塑膠撐滿、緊貼於模具內壁。這種方法只需用到母模具，製作塑膠瓶或水桶等中空容器時相當方便。

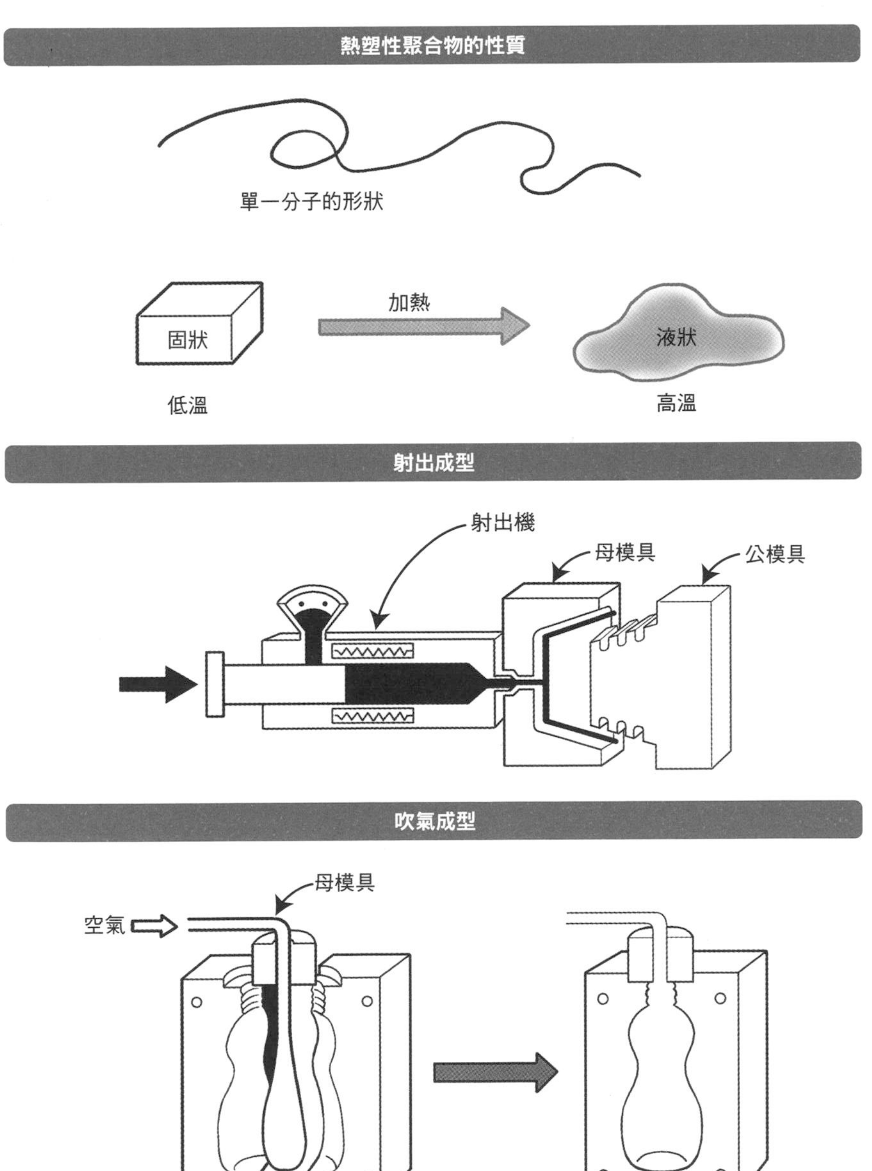

3-7

熱固性聚合物的結構

熱塑性聚合物的結構為繩狀，熱固性聚合物卻截然不同。熱固性聚合物中，繩狀分子會進一步鍵結成網狀，因此性質與熱塑性聚合物完全不同。

2種高分子的結構比較

前面我們看過了熱塑性聚合物的分子結構。不管聚合物分子是由1個、2個，或是更多個單體分子組合而成，每個單體分子都只有前後兩端2個地方能與其他分子鍵結。

因此熱塑性聚合物的分子會像鎖鏈或毛線般，形成一條很長的分子。數條這樣的毛線聚集在一起時，就會像釣線一樣纏繞成一團。不過當強風吹過時，釣線會隨風擺動，整團釣線的形狀也會出現變化。被風吹的釣線，就像被加熱的熱塑性聚合物，會因高溫而軟化、變形，這就是「熱塑性」這個名稱的由來。

相較於此，熱固性聚合物擁有網狀結構。因為它的單體分子有3個位置能與其他分子鍵結。因此，熱固性聚合物的分子可以形成連續不間斷、無限延伸的網狀平面結構。而這種網狀結構再層層相疊，就可以形成三維的立體結構。也就是說，一整塊熱塑性聚合物可以視為許多分子長鏈的集合體，而一整塊熱固性聚合物則可視為1個分子。

熱固性聚合物的結構範例

右頁圖為酚醛樹脂的分子結構示意圖。這是由苯酚與甲醛2種單體分子聚合而成的高分子。我們之後會說明這2種分子聚合時的反應機制，這裡先把焦點放在高分子結構中的苯酚部分。

苯酚的苯骨架上有3個位置可以與碳鍵結。當所有苯骨架的3個位置都與碳鍵結時，就能形成無限延伸的平面網路。這個平面經過適當摺疊後，就會形成熱固性聚合物。

不管風有多強，塊狀物的形狀都不會改變。也就是說，即使加熱到高溫，熱固性聚合物也不會軟化。如果進一步加熱，鍵結就會斷裂，使分子與空氣中的氧鍵結、焦化，然後開始燃燒。這和木材焦化後燃燒的原理相同。

熱塑性聚合物與熱固性聚合物的結構比較

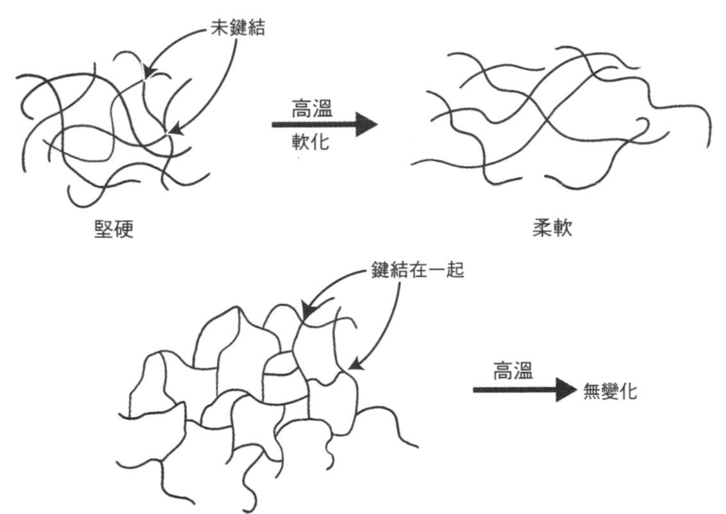

酚醛樹脂的結構

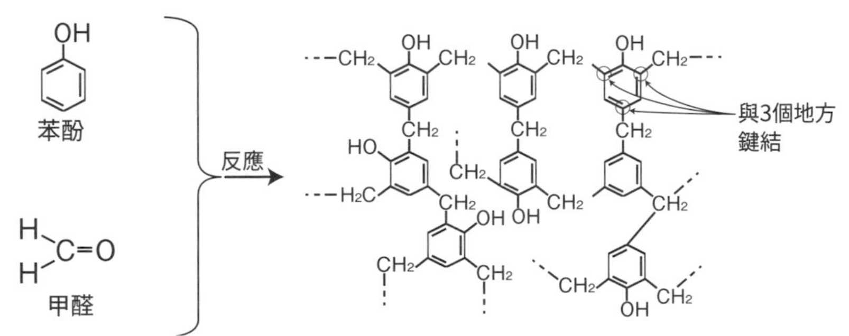

3-8

熱固性塑膠的性質與成型

熱固性塑膠（聚合物）加熱後不會變軟，與木材類似。那麼這種材料究竟要如何加工、成型呢？

熱固性塑膠的性質

如果將熱茶倒入冷水專用的透明塑膠杯中，杯子會扭曲變形，應該有不少人被這種情況嚇過吧。這種杯子就是由熱塑性塑膠製成。不過，用來裝味噌湯的塑膠碗就不會因熱湯而軟化，這種塑膠就是熱固性塑膠。

許多產品皆是活用了熱固性塑膠的這個特徵製成，譬如碗、平底鍋的握把部分等廚具、插座或者是使玻璃棉硬化的定型劑等。

熱固性塑膠的成型

熱固性塑膠是如何成型的呢？是像木材一樣削切成特定形狀嗎？

事實上，熱固性塑膠雖然是固狀，但它的原料或者是反應過程的中間產物並非固態。這種狀態的塑膠，或者說是嬰兒狀態的熱固性塑膠會被放入金屬模具內，經過加熱後，便可完成高分子化反應，接著只要在反應後從模具中取出塑膠就可以了。原本「熱固性塑膠」這個名字，就是來自這種高分子原料在反應時的中間產物，很有趣吧？這些原料在加熱後確實會硬化，不過這種名字有時候也會讓人混亂就是了。

這和烘烤雞蛋糕或仙貝時類似。將黏稠的麵粉溶液倒入模具中烤熟之後，就可以得到又硬又脆的仙貝了。仙貝烤好之後，不管怎麼加熱都不會軟化，只會烤焦或燒起來而已。

熱固性塑膠的性質

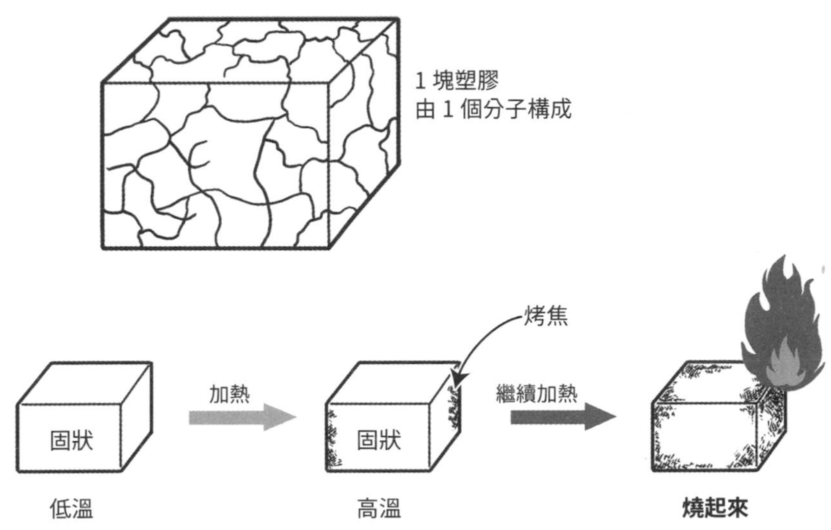

熱固性塑膠的成型

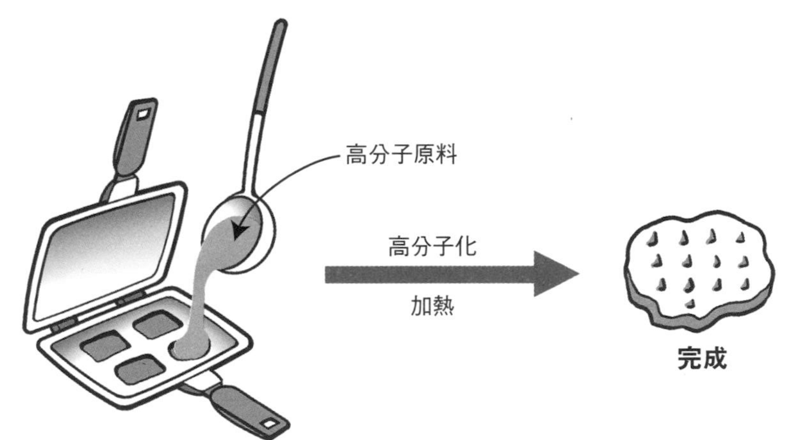

酚醛樹脂的發明

酚醛樹脂是人類第一個合成出來的合成高分子。美國化學家貝克蘭於1907年取得酚醛樹脂的製造專利，並命名為Bakelite。但其實科學家在1872年就發現了這種樹脂，只是貝克蘭成功實現工業化製造。因此貝克蘭也被稱為「塑膠之父」。在這之前，他也成功製造出賽璐珞的實用產品，不過賽璐珞的原料是天然高分子纖維素，故不被認同是合成高分子。

▼利奧．貝克蘭

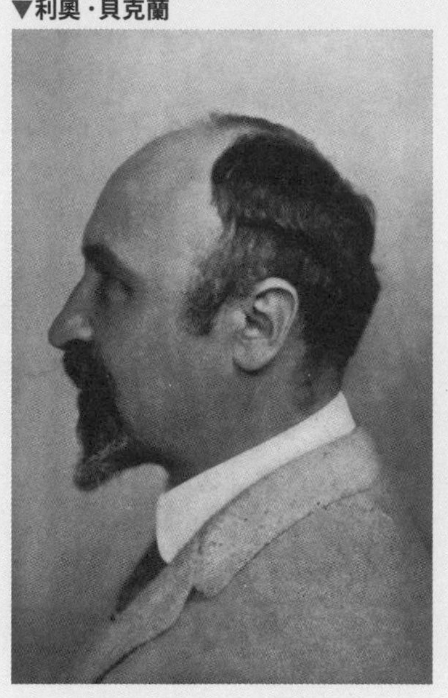

MEMO

第 4 章

製成高分子的化學反應

高分子為化學物質，可以用煤炭或石油為原料，經化學反應後合成出來。不過高分子與一般分子截然不同，所以需要的化學反應也不一樣。本章就讓我們來看看高分子合成過程中，幾個特殊的反應吧。

4-1

高分子合成反應的種類

高分子合成反應是將數以千計的單體分子串聯成長鏈分子的反應。也就是將相同的反應重複多次的化學反應。這種反應一般稱為聚合反應，可分成許多種類。

連鎖聚合反應

聚合反應主要可以分成2大類——連鎖聚合反應與序列聚合反應。

連鎖聚合反應指的是在發生第1個反應後，接下來的反應會自動發生的化學反應。也就是像骨牌一樣，無法中途停下來的反應。譬如，用乙烯合成出聚乙烯的反應，就是連鎖聚合反應。連鎖聚合反應是高分子合成反應的主流，可分為許多種。有些像合成聚乙烯時一樣，中間產物為自由基，稱為自由基聚合反應；有些反應的中間產物為離子，稱為離子聚合反應；如果聚合物是由多種單體分子聚合而成，則稱為共聚合反應。

序列聚合反應

相對的，序列聚合反應則是在每個階段反應結束後，才進入下一個反應的聚合反應。譬如，尼龍或PET的合成反應便屬於序列聚合反應。

就原理而言，序列聚合反應的每次反應都是分子間的一次性反應。舉例來說，PET的聚合反應基本上是羧酸類的對苯二甲酸與醇類的乙二醇之間的酯化反應。也就是說，1個對苯二甲酸與1個乙二醇反應生成酯後，該次反應便結束。若要繼續反應，就要再加入新的原料，才能進行下一次酯化反應。序列聚合反應包括加成聚合反應以及縮合聚合反應。

反應中間物：自由基、陽離子、陰離子

化學反應過程中會產生「自由基、陽離子、陰離子」。這些又是什麼呢？這很簡單，如同我們在說明共價鍵那節時提到的一樣，原子A、B以

共價鍵結合時，2個原子會各拿出1個電子形成鍵結，這2個電子就叫做鍵結電子。也就是說，此時A與B之間存在2個電子。如果我們把這個鍵結切斷，這2個鍵結電子的分配可能會有以下3種情況。

①A與B各分配到1個。

②A分配到2個，B分配到0個。

③A分配到0個，B分配到2個。

如果A、B各分配到1個電子，形成A・、・B的話，兩者都會呈電中性，分別稱為A自由基與B自由基。這裡的「・」表示1個電子，稱為自由基電子或者是不對稱電子。自由基就像結婚意願很強的未婚人士一樣，活性很高。

②、③中，分配到2個電子的原子，比電中性的自由基還要多1個電子，故帶有負電荷，為陰離子。相對的，沒有分配到電子的原子帶有正電荷，為陽離子。

連鎖聚合反應與序列聚合反應

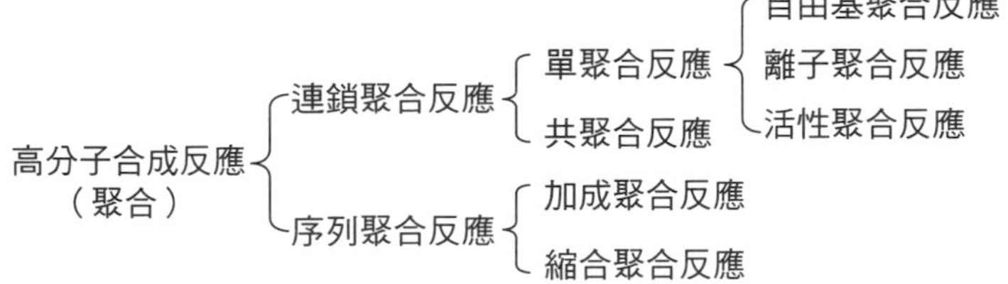

反應中間物

A・＋B —鍵結→ A：B

A：B —斷開→ A：B
- A・＋B・　A・、B・　自由基
- A：＋B　A：陰離子　B 陽離子
- A＋B：　A 陽離子　B：陰離子

4-2

連鎖聚合反應

連鎖聚合反應可以說是看起來最像高分子合成反應的反應。連鎖聚合反應中，只要第1個反應發生，之後的反應就會自動持續發生。也就是說，反應會一直進行到反應物用完為止，中間無法停止。

自由基聚合反應

反應過程中會產生自由基中間物的反應。先前提到的聚乙烯聚合反應就是典型的例子。這個反應中，乙烯的雙鍵會斷開1個鍵，使2個碳原子分別產生1隻未反應的鍵結手。這個鍵結手就代表1個電子，也就是前面提到的自由基電子。

自由基為電中性。1個C-C鍵結斷開後，乙烯會擁有2個自由基電子，故一般稱為雙自由基（diradical，「di-」在希臘語中是「2」的意思）。

自由基的活性非常高，無法以這樣的狀態持續存在。自由基形成後，馬上就會攻擊其他分子、形成鍵結，使其他分子發生改變。乙烯反應成聚乙烯就是這樣的反應。

離子聚合反應

如果反應是由離子啟動的聚合反應，就稱為離子聚合反應。由陽離子啟動的反應稱為陽離子聚合反應，由陰離子啟動的反應稱為陰離子聚合反應。

右頁圖為陰離子聚合反應的粒子。陰離子1加成到乙烯衍生物2後，會生成陰離子中間物3。接著3會攻擊另一個2，使2個2鍵結在一起，生成陰離子中間物4。

這種反應會連續發生，使碳鏈無限延長下去，這就是聚合反應的特徵。不管是自由基聚合，還是離子聚合，反應過程中生成的自由基或離子都是非常不穩定的中間物，反應活性都非常高。

反應的終點

或許你會想問，這樣的反應會一直持續到什麼時候呢？會不會停不下來呢？無需擔心，反應系統內（燒杯中），除了反應物（起始原料分子）之外，還存在各種分子。譬如溶劑分子就是最簡單的例子。聚合反應的過程中，會適當地用這些原子、原子團進行調整。即使不刻意去停止它，聚合反應也會用這些原子自動達成平衡，然後終止反應。

自由基聚合反應

$CH_2{=}CH(X) + R\cdot$（自由基）$\longrightarrow RCH_2{-}\dot{C}H(X)$（自由基）$\longrightarrow R{-}CH_2{-}CH(X){-}CH_2\cdots\dot{C}H(X)$（自由基）

$CH_2{=}CH(X)$

$\longrightarrow R{+}CH_2{-}CH(X){+}_n$

離子聚合反應

$CH_2{=}CH(X)$ (2) $+ R^-$ (1) $\longrightarrow R{-}CH_2{-}\bar{C}H(X)$ (3) $\longrightarrow R{-}CH_2{-}CH(X){-}CH_2{-}\bar{C}H(X)$ (4)

$CH_2{=}CH(X)$ (2)

$\longrightarrow R{+}CH_2{-}CH(X){+}_n$

4-3

活性聚合反應

理論上，只要還有原料，自由基聚合與離子聚合就會持續反應下去。但事實上，這些聚合反應一定會停止。簡單來說，就是因為反應中間物之間也會產生反應。這會讓反應過程中產生的反應中間物消失，形成穩定的化合物。於是反應便不再進行，高分子合成過程也會停下來。為了防止事情演變至此，科學家們開發出了活性聚合反應。

聚合反應的停止過程

讓我們來看看苯乙烯1的自由基聚合反應吧。與乙烯的聚合反應機制類似，反應過程中，自由基中間物會與適當的分子R-H反應，生成自由基中間物2。如果2再與1反應，就會讓聚合反應持續下去，生成聚苯乙烯。

不過，2也可能不與1反應，而是產生其他反應，包括以下2種反應。

①再鍵結：2個分子2彼此鍵結，形成穩定的一般分子3，聚合反應停止。

②不均化：1個分子2的氫自由基（氫原子）H·移動到另一個分子2，形成分子4與分子5。分子4、5皆為穩定的一般分子，而非自由基，故聚合反應也跟著停止。

陰離子自由基

活性聚合反應就是為了避免發生上述反應停止的情況，而開發出來的反應方式。讓我們以陰離子自由基為例，說明活性聚合反應是怎麼回事吧。陰離子自由基是同時擁有自由基電子·與陰離子電子對-的分子。

苯乙烯1與鈉反應後，鈉的電子會移動到1上，生成苯乙烯的陰離子自由基6。這是反應的第一步驟。

因為分子6帶有負電，即使我們想讓2個分子6產生反應，兩者的負電部分也會因為靜電斥力而無法靠近，只能以自由基部分結合成分子7。7

一般稱為雙陰離子（dianion），有2個位置帶有負電荷，這2個位置（位於兩端）會分別進行陰離子聚合反應，持續反應下去。

這種在反應的過程中，中間物能以陰離子或陽離子的形式持續保持活性的聚合反應，就稱為活性聚合反應。

聚合反應的停止過程

R−CH₂−C(H)(Ph)· + ·C(H)(Ph)−CH₂−R′ (2, 2) ← CH_2=CH−Ph (1)

- 再鍵結 ① ⟶ R−CH_2−CH(Ph)−CH(Ph)−CH_2−R′ (3)
- 不均化 ② ⟶ R−CH=CH(Ph) (4) + CH_2(Ph)−CH−R′ (5)
- 聚合 ⟶ R(−CH_2−CH(Ph)−)$_n$H 聚苯乙烯

活性聚合方法

Na^+ + CH_2−CH(Ph) (1) ⟶ ·CH_2−$\bar{C}$H(Ph) + Na^+
陰離子自由基 6

·CH_2−$\bar{C}$HNa^+(Ph) (6) ⟶ Na^+ $\bar{C}$H(Ph)−CH_2−CH_2−$\bar{C}$H(Ph) Na^+
雙陰離子 7

—單體→ 陰離子聚合

Na^+ $\bar{C}$H(Ph)−CH_2[CH(Ph)−CH_2]$_m$CH(Ph)−CH_2−CH_2−CH(Ph)[CH_2−CH(Ph)]$_n$$CH_2$−$\bar{C}$H(Ph) Na^+

活性聚苯乙烯 8

4-4

共聚合反應

由多種單體分子共同參與的聚合反應，稱為共聚合反應，此時生成的高分子稱為共聚物。

有多種原料參與的共聚合

由單一種類之聚合反應形成的高分子，性質相對單純。若混入其他性質互補的單體，一同進行聚合反應，可表現出更為優異的性質。此時形成的高分子（聚合物）就稱為共聚物。

由氯乙烯聚合而成的聚氯乙烯，機械強度高，但缺點是對衝擊力的耐受性較弱，容易碎裂。另一方面，由醋酸乙烯酯聚合而成的聚醋酸乙烯酯，質地較軟，熔點較低，無法製成塑膠，但可與水混合製成木工用白膠。

不過，氯乙烯與醋酸乙烯酯進行共聚合反應後生成的高分子，就同時具有兩者性質，質地堅硬、黏性強，可合成出耐衝擊性的塑膠，製成家電產品的外殼，發揮其優異性質。

另外，由苯乙烯與丁二烯共聚合而成的丁苯橡膠SBR，同時擁有聚苯乙烯的硬度與聚丁二烯的柔軟度，適用於許多領域。

活性聚合反應下的共聚合反應

如果共聚合反應中的所有原料都混在一起反應，就沒辦法操控單體分子的鍵結順序。2種單體分子的連接方式完全交由上天決定。不過，如果使用活性聚合反應的話，就可以操控反應順序了。

如同我們在前一節中看到的，活性聚苯乙烯8分子為活性聚合物的中間物。系統內的反應原料苯乙烯用完之後，反應生成物就會停留在8。不過8的分子兩端仍保留著反應部位。

此時如果加入新的乙烯衍生物$H_2C=CHX$，就可以在8的兩端與

$H_2C=CHX$產生聚合反應。也就是説，此時聚合物分子可以分成由苯乙烯聚合而成的部分（block，嵌段）以及由$H_2C=CHX$聚合而成的嵌段。這種高分子就叫做嵌合共聚物。能夠合成出這種聚合物，也是活性聚合反應的優點之一。

多種原料的共聚合反應

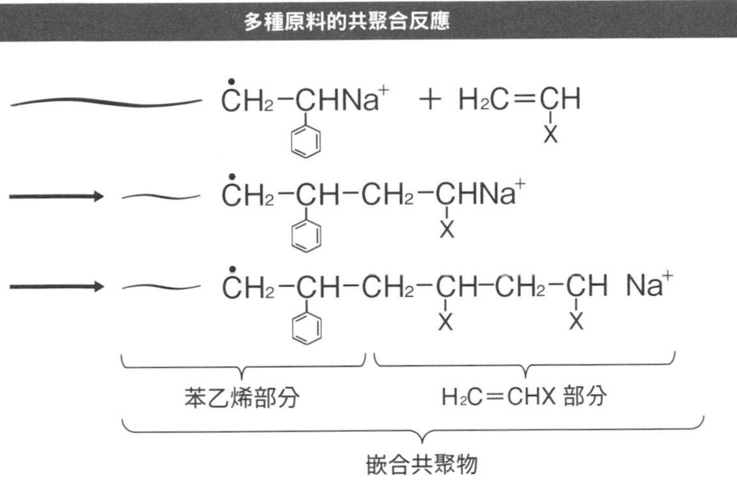

嵌合共聚物的例子

名稱	單體分子	
SBR橡膠	$CH_2=CH(C_6H_5)$ 苯乙烯	$H_2C=CH-CH=CH_2$ 丁二烯
耐衝擊性塑膠	$CH_2=CH(Cl)$ 氯乙烯	$CH_2=CH(OCOCH_3)$ 醋酸乙烯酯

4-5

序列聚合反應

序列聚合反應中，會逐次、連續進行許多一次性完結的反應，最後合成出高分子。主要可以分成「連續進行多次加成反應」的加成聚合反應，以及「連續進行多次縮合反應」的縮合聚合反應。

加成聚合反應

加成反應時會打開雙鍵，於雙鍵兩端各加上新的原子團。而在加成聚合反應的過程中，會連續發生加成反應。

聚胺酯是一種高分子，海綿般的發泡狀聚胺酯常用於製作椅子坐墊內部的緩衝材料。這種高分子的單體分子為擁有2個異氰酸取代基-N=C=O的二異氰酸酯（分子1），以及擁有2個羥基-OH的二元醇（分子2）構成。

分子1與2反應後，羥基-OH會加成在異氰酸基-N=C=O上，產生生成物3。與連鎖聚合反應的中間產物（自由基或離子）不同，3為穩定的化合物。不過，生成物3上仍保留了取代基-N=C=O與-OH，可繼續反應。故這2個取代基會分別再與分子2及1進行加成反應，最後形成聚合物，高分子的聚胺酯5。

縮合聚合反應

如同我們先前在尼龍與PET的章節中提到的，合成這2種聚合物時使用的縮合反應為連續反應，是2個分子脫去水之類的簡單分子後，聚合成生成物的反應。

這些反應在各個階段所產生的生成物分別為酯類或者醯胺，這兩者原本是相當穩定的化合物。這些生成物之所以能繼續反應，只是因為反應系統中還有多出來的原料，並不是因為生成物的活性在反應過程中被提高。

這種反應會持續進行生成高分子。由縮合聚合反應生成的高分子，以聚酯、聚醯胺為代表。

加成聚合反應

O=C=N−Ⓐ−N=C=O + H−O−[B]−O−H —加成反應→

二異氰酸酯 1　　二元醇 2

O=C=N−Ⓐ−N(H)−C(=O)−O−[B]−O−H + O=C=N−Ⓐ−N=C=O —加成反應→

3　　1

O=C=N−Ⓐ−N(H)−C(=O)−O−[B]−O−C(=O)−N(H)−Ⓐ−N=C=O + H−O−[B]−O−H

4　　2

→ ⁅C(=O)−N(H)−Ⓐ−N(H)−C(=O)−O−[B]−O⁆$_n$

聚胺酯 5

酯化反應

nHO−C(=O)−⟨苯環⟩−C(=O)−OH + n H−O−$(CH_2)_2$−O−H

對苯二甲酸（羧酸）　　己二醇（醇）

—縮合反應→ ⁅C(=O)−⟨苯環⟩−C(=O)−O−$(CH_2)_2$−O⁆$_n$

PET（聚酯）

醯胺化反應

nHO−C(=O)−$(CH_2)_4$−C(=O)−OH + nH−N(H)−$(CH_2)_6$−N(H)−H

己二酸（羧酸）　　己二胺（胺）

—縮合反應→ ⁅C(=O)−$(CH_2)_4$−C(=O)−N(H)−$(CH_2)_6$−N(H)⁆$_n$

尼龍 66（聚醯胺）

4-6 熱固性塑膠的合成反應

熱固性聚合物的分子結構與熱塑性聚合物有很大的差異，當然，合成方式也不一樣。

熱固性聚合物的結構

熱固性聚合物的代表性分子包括酚醛樹脂、尿素樹脂、美耐皿樹脂等3種。苯酚1、尿素2、三聚氰胺3分別是這3種高分子的單體分子。不過這3種樹脂還有1種共通的單體分子——甲醛4。

熱固性塑膠之所以不會在高溫下軟化，是因為它們的分子在三維空間中呈網狀結構。網狀結構讓這種分子在高溫環境下也不易移動，所以不會軟化。而這些樹脂之所以有網狀結構，是因為主要原料的苯酚、尿素、三聚氰胺分子內，都至少擁有3個反應部位。各分子的反應位置如右頁圖所示。

因此，熱固性塑膠的分子並非直線狀的一維結構，而是平面狀的二維平面結構，還能摺疊成更為堅固的三維立體結構。

酚醛樹脂的合成反應

熱固性塑膠中，最早普及的是酚醛樹脂。苯酚1有3個反應位置，一般我們會稱其為鄰位o（有2個位置）與對位p（有1個位置）。

甲醛4會與苯酚1的其中一個鄰位反應，得到生成物5。這個反應為「加成反應」。接著，5的羥基-OH與1的另一個鄰位的氫之間行「脱水縮合反應」，生成6。6的結構是2個苯酚分子1，中間以$-CH_2-$原子團連結在一起。

不過6的2個苯環分別都還有鄰位、對位的反應點。如果鄰位再繼續接下來的反應，就會生成7。不過，如果是對位產生反應，接著又反覆在鄰位與對位產生反應，就會生成三維網狀結構的酚醛樹脂。

同樣的，如果三聚氰胺的3個位置（或者說是6個位置）、尿素的4個位置都產生反應，就會形成二維或三維的立體結構。

熱固性聚合物結構

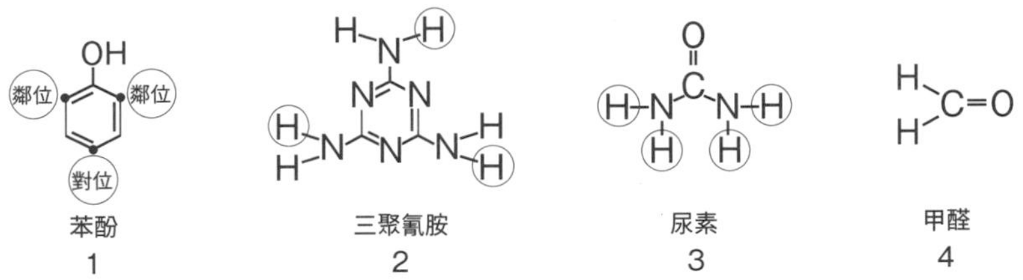

酚醛樹脂的合成反應

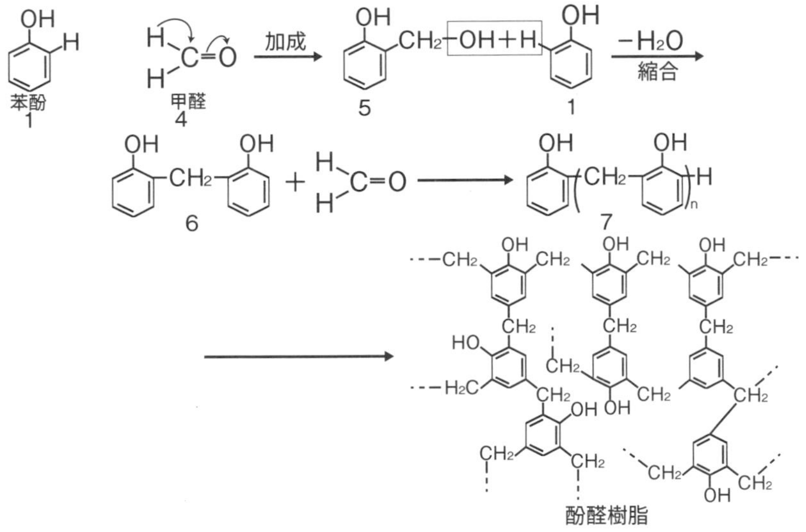

4-7

催化劑的作用

高分子合成反應中，催化劑常扮演著重要角色。催化劑不會改變生成物，卻能讓反應進行得更順利，不過催化劑的運作方式並沒有那麼簡單。

齊格勒─納塔催化劑

催化劑不只能改變反應速度，有不少反應要是缺少催化劑就無法進行。齊格勒─納塔催化劑是高分子合成反應中相當有名的催化劑，以2位發現者的名字命名。

這種催化劑不只能加速反應，也能控制高分子合成反應生成物，也就是高分子的立體結構。譬如我們先前提到的聚丙烯，在合成時會產生3種立體異構物，催化劑則可讓其中1種立體異構物優先生成。

不過，這種催化劑需要到鈦Ti、鎢W、鋁Al、錫Sn等金屬。金屬催化劑可能會導致公害，譬如水俁病的汞。鉛與鎘等重金屬也有著當初料想不到的毒性。

因為有這些問題，現在工業界正在努力開發不使用金屬的新型催化劑。

高分子催化劑

高分子就是其中1種新型催化劑。許多實驗室中發生的反應無法在生物體內進行。反應溫度是其中一個限制條件。實驗室中的有機化學反應通常會加入酸或鹼做為催化劑，有時還會加溫到80℃、90℃的高溫。要是身體內發生這樣的反應，就會因為燒傷而死亡。

生物體內的化學反應之所以可以在不到40℃的低溫下進行，就是因為有催化劑。生物體內化學反應的催化劑就是我們熟知的酵素。之後的章節中會提到，酵素就是一種蛋白質，而蛋白質也是天然高分子。

借重大自然的智慧開發新的催化劑，是未來的方向。高分子等優秀的化學產品能讓人類的生活變得更美好，卻也會造成環境汙染、塑膠微粒問題。合成高分子時也會造成環境汙染，可見高分子合成領域中，確實還有許多尚未解決的問題。

齊格勒－納塔催化劑

高分子催化劑

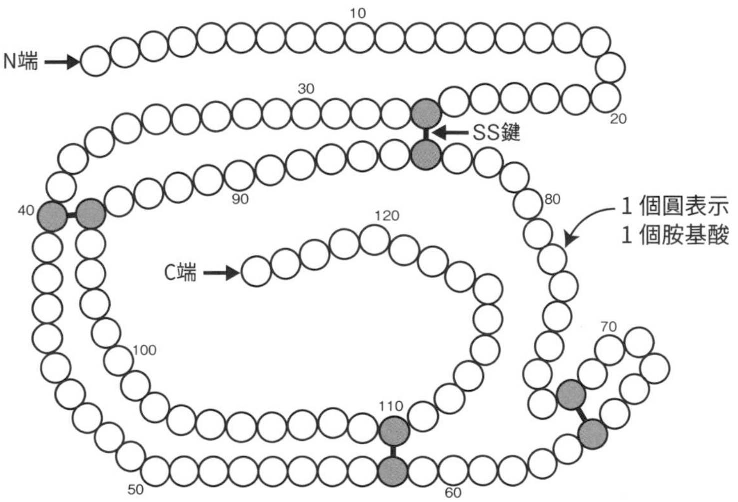

來自牛胰臟的核糖核酸酶的一級結構

MEMO

第 5 章

高分子的物理性質

高分子為相當特殊的分子，與一般分子的性質十分不同。這些性質包括彈性變形、黏彈性、熱特性、光學性質、電特性等。本章將介紹高分子的各種物理、機械性質。

5-1

分子量與物性

聚乙烯是僅由碳與氫原子構成的一種碳氫化合物，與氣態的甲烷、液態的石油類似。差別只在於分子的大小，也就是分子量。與甲烷為16、石油約為100左右的分子量相比，聚乙烯的分子量在10萬以上，相差了2位數或3位數。分子量大小對物質性質會有什麼樣的影響呢？

分子量與沸點、熔點

碳數會大幅左右碳氫化合物的性質，像甲烷、丁烷這種碳數在1～4個的碳氫化合物為氣態，若碳數在10個左右就是液態，超過20個的話就會呈乳狀，碳數更多的話就會變成固態。不過，碳數愈大，不代表熔點就一定愈高。

右頁上圖為碳氫化合物的分子量與熔點的關係。分子量較小時，碳數與熔點大致上成正比，不過當分子量上升到一定程度時，熔點曲線就會愈來愈平緩，且單一熔點也會轉變成一個溫度範圍，或者說無法測定出明確的熔點，即固態與液態的界線變得不明確。

這是碳化合物的特徵。碳數增加時，碳數相同但結構式不同的分子，即所謂的同分異構物會跟著增加。要分離各種同分異構物的情況，也就是想得到純物質，並不是件容易的事。如果一個物質有明確的熔點，就表示該物質純度很高。換言之，如果是純度低的混合物，就不會有明確的熔點。

分子量與高分子的物性

右頁下圖為高分子的物性強度與分子量的關係。圖中曲線表示，隨著分子量的增加，高分子的物性也會愈來愈顯著。不過當分子量超過一定數值時，物性增強的趨勢會愈來愈弱，最後不再變化。

這種曲線一般稱為S型曲線，是自然現象，特別是生物體內時常出現的曲線。由這張圖可以看出，當分子量比Mo小時，不會顯示出高分子性。也就是說，低分子與高分子的界線就在Mo附近。若分子量超過這個數值，高分子的性質會急遽增加。不過，當分子量超過Ms時，就很難再增加。

碳氫化合物的分子量與熔點的關係

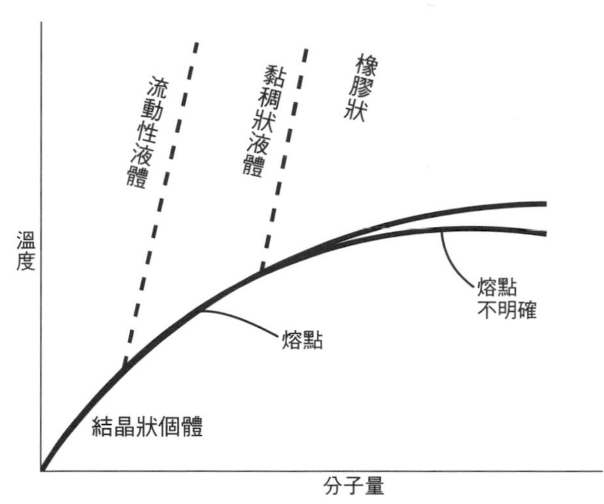

高分子的物性與分子量的關係

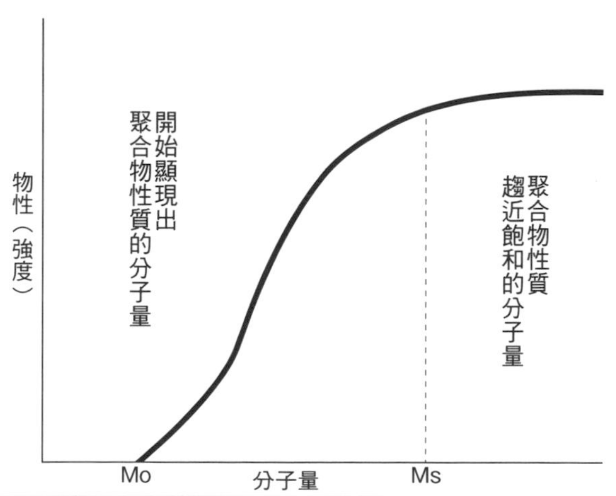

5-2
彈性變形

保鮮膜稍經拉扯後會略微伸長，這種變形叫做「彈性變形」。不過，如果拉得太用力就會裂開，稱為「破壞」。

彈性係數

右頁上圖為塑膠被拉開時，拉力（應力）與伸長比率（應變）的關係。在應力很小的時候，應力與應變的關係幾乎成正比。此時的應力與應變的比例稱為彈性係數。

彈性係數愈大，就愈不會變形。右頁列出了幾種物體的彈性係數。鑽石與鋼鐵的彈性係數非常大，可以視為非常難以變形的材料。相對的，橡膠的彈性係數則非常小，相當容易變形。塑膠與木材則介於兩者之間。

當應力大到超過降伏點時，物質的強度就會急遽降低。之前可以對抗應力的物質，對抗應力的效果變差。此時若再施加更大的力，物質也不會等比例被拉長，而是慢慢地被撐開，然後斷裂。這個點就叫做斷裂點。

應力—應變曲線

應力（strain）與應變（stress）的關係所畫成的曲線，一般稱為應力—應變曲線（stress-strain curve）。

右頁下圖中的克維拉纖維，在應力很大的時候，應變仍相當小。這表示克維拉纖維非常硬。克維拉纖維是塑膠，卻以堅硬著名，它硬到可以做成小刀、剪刀，甚至可以做成士兵頭盔或防彈背心。

相反的，橡膠非常軟，幾乎沒有辦法抵抗應力。

聚酯與尼龍等高分子則介於兩者之間，皆可表現出典型的塑膠性質，不過尼龍相較下容易變形。玻璃纖維是玻璃與熱固性聚合物組合而成的複合材料，與一般高分子相比，會呈現出較明顯的玻璃性質，但沒有像克維拉那麼堅硬。

拉力與伸長比率的關係

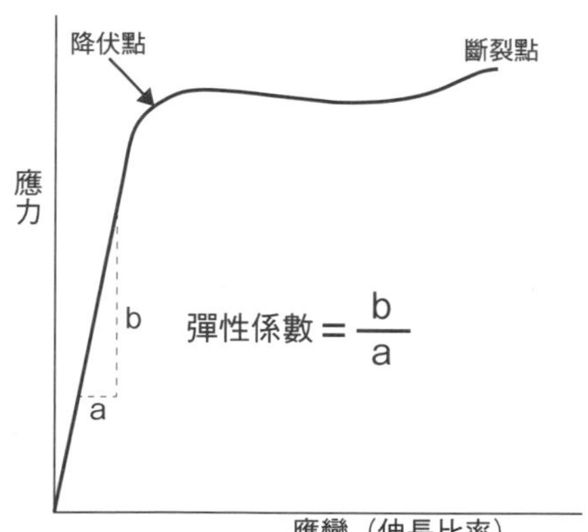

材料	彈性係數的比
鑽石、鋼鐵	約100倍
玻璃、混凝土	約10倍
塑膠、木材	1
聚乙烯	約1/10倍
天然橡膠	約1/100倍

高分子個體的應力一應變曲線的例子

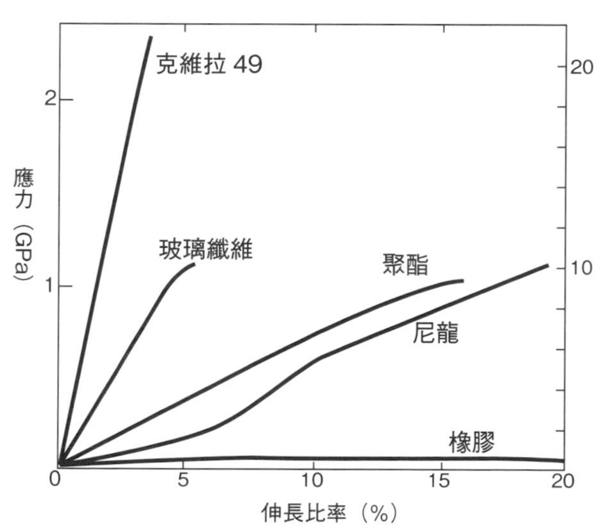

5-3

黏彈性

黏性很強為高分子的性質之一。對高分子施力可使其變形，停止施力後會恢復原狀，但恢復原狀需要時間，不會馬上恢復原狀。而且要是變形程度過大的話，可能會無法恢復原狀。

高分子變形

對彈簧施力後能使其變形，停止施力後就會馬上恢復原狀，這種性質稱為彈性。對黏土施力時，黏土會變形，然而停止施力後，黏土也不會恢復原狀，這種性質就稱為黏性。

將塑膠棒垂吊在水平面下，底端掛1個重物，使塑膠棒往下拉伸變形。塑膠棒需要一段時間才會有明顯的變形。把重物拿掉之後，塑膠棒也需要一些時間才能恢復原狀。

右頁圖為施力（應力，圖A）與高分子的變形（圖B）在相同時間內的變化。如同我們在圖A中看到的，在某個時刻t_1對高分子施加應力a，高分子會開始變形。不過，就像我們在圖B中看到的，這個變化不會突然出現，而是慢慢出現。於某時間點會達到飽和，就不會繼續變形了。

到了下一個時刻t_2，停止施力後，變形的高分子會恢復原狀，但不會馬上恢復原狀，而是會花上一段時間，慢慢恢復原狀，甚至也有可能不會完全恢復原狀。這種性質就叫做黏彈性。

黏彈性模型

我們常用彈簧與緩衝筒的組合模型來描述黏彈性。彈簧代表反應很快的彈性模型。緩衝筒則是在活塞中倒入油，並在中間放一個有孔的隔板，使其能上下活動。因為有油的阻力，所以板子會變得比較難活動，反應速度也比較慢。

我們可以用彈簧的性質與緩衝筒的性質來分析黏彈性。分析方式包括兩者並聯的模型，以及兩者串聯的模型。

高分子的變形

高分子
力

(A)
應力
a
t_1 t_2

(B)
變形
t_1 t_2
時間（t）

黏彈性模型

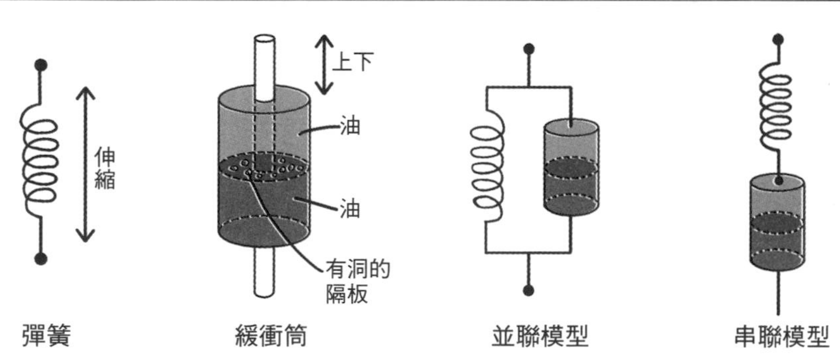

5-4

橡膠彈性

小鋼珠與橡膠球掉到地板上時都會彈起來，不過彈起來的方式完全不同。小鋼珠回彈的幅度很小，橡膠球回彈的幅度很大，為什麼兩者會出現這樣的差異呢？

能量彈性

右頁圖為橡膠分子的部分分子結構。將分子往兩端拉長的話，會發生甚麼事呢？分子會改變鍵長與鍵角，使分子拉長嗎？這種拉長分子的方式所產生的彈性，稱為能量彈性。不過，要讓分子內的鍵長與鍵角產生變化，需要龐大的能量才行。而小鋼珠的彈性源自能量彈性，所以小鋼珠回彈的力道比較小。

橡膠彈性

橡膠分子就像右圖的1一樣蜷縮在一起。若將末端往兩邊拉開變成2，這就是橡膠可以伸得那麼長的原因。那麼，為什麼橡膠可以回彈成原本蜷縮的樣子呢？

這是熵（符號S）的效應。熵表示系統的混亂程度。假設我們在箱子內放1片隔板，一側注入氣體A，另一側注入氣體B，使兩側氣體完全分隔開來。此時如果拿掉隔板的話，會發生什麼事呢？A與B會混在一起，愈來愈雜亂，且不會自然而然地恢復原狀。

一般情況下，事物會自然而然地從整齊狀態轉變成混亂狀態。也就是會從熵較小的狀態轉變成熵較大的狀態，這叫做熱力學第二定律。順帶一提，第一定律是「能量不滅定律」。

試比較分子1與2。2無法繼續變形，處於沒有變形自由度的整齊狀態。相較於此，1則是無秩序狀態，或者説是可以變形成任何狀態的混亂狀態。所以，伸長的2會自動變回1的樣子。這種彈性就叫做熵彈性。

口香糖也是一種橡膠，但除了泡泡糖之外，口香糖拉長後都不會回彈，而是會斷裂。因為口香糖的橡膠分子之間沒有真正連接在一起，若一直拉長，部分分子就會脫離原本的集團，使口香糖斷裂。相對於此，如果在口香糖內加入硫S，使橡膠分子間形成交叉鏈接結構，固定住彼此，就能防止被拉斷。

能量彈性

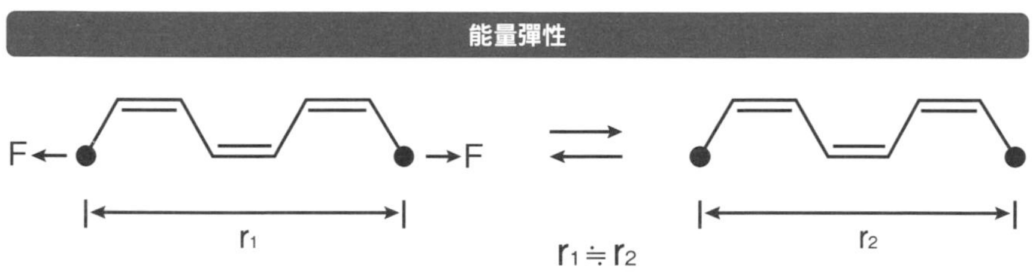

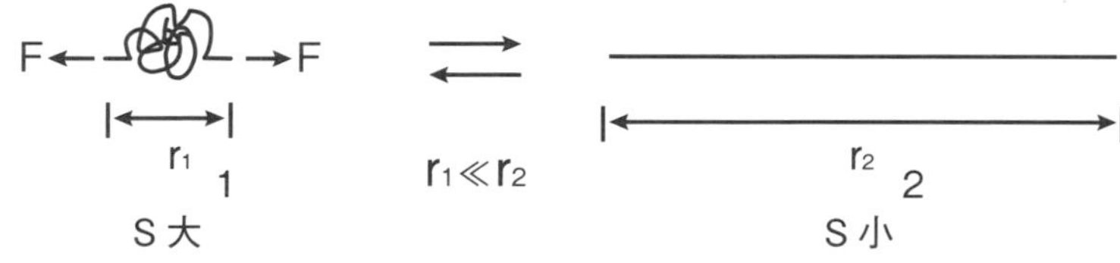

橡膠彈性

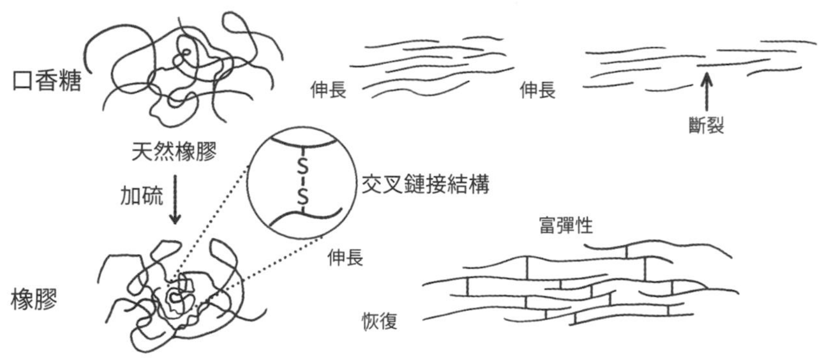

5-5

熱性質

熱塑性聚合物加熱後會慢慢軟化，繼續加熱的話，最後會熔化成液狀。

玻璃轉化T_g與熔點T_m

熱塑性聚合物加熱後會變軟，體積也會膨脹。不過同樣是熱塑性聚合物，在微小尺度上，還可以分成結晶性部分與非晶性部分。

非晶性高分子

圖A為壓克力等非晶性高分子加熱後的變化。壓克力在低溫下為堅硬固體，但在超過玻璃轉化溫度T_g後，就會轉變成柔軟的橡膠狀，接著再轉變成液狀。高分子體積會隨著加熱而膨脹，溫度超過T_g之後，膨脹比例會大幅上升。

結晶性高分子

圖B為聚乙烯等結晶性高分子加熱後的變化。溫度超過T_g之後，與非晶性高分子類似，會逐漸出現彈性。這是因為它們的非晶性部分開始變得可以流動。若繼續加熱，超過熔點T_m，那麼結晶性部分就會開始熔化，此時高分子會一口氣變成橡膠狀。再繼續加熱，就會變成液狀。

結晶性高分子的體積會在溫度超過T_m後一口氣膨脹。這是因為之前被束縛、固定的結晶性部分被打亂，分子開始會因為熱而振盪的關係。

T_g與T_m的組合

右頁下圖列出了不同的熱塑性聚合物的T_g與T_m。橡膠類與玻璃類高分子為非晶性物質，故沒有T_m。橡膠類高分子的特徵在於，它們的T_g比室溫低，故它們在室溫底下就會呈橡膠狀。

與橡膠類分子類似，塑膠類高分子的T_g也在室溫以下，所以固態的塑膠多少也有些彈性。而纖維類高分子的T_g則高於室溫，所以室溫下的纖維類高分子呈結晶狀態，擁有很大的耐熱性、機械強度、耐化學藥劑性。我們之所以可以用熨斗來燙合成纖維，就是因為合成纖維的T_m比熨斗的溫度高。

即使是化學上完全相同的高分子，製成塑膠或製成合成纖維時，會顯現出完全不同的性質。

玻璃轉化與熔點

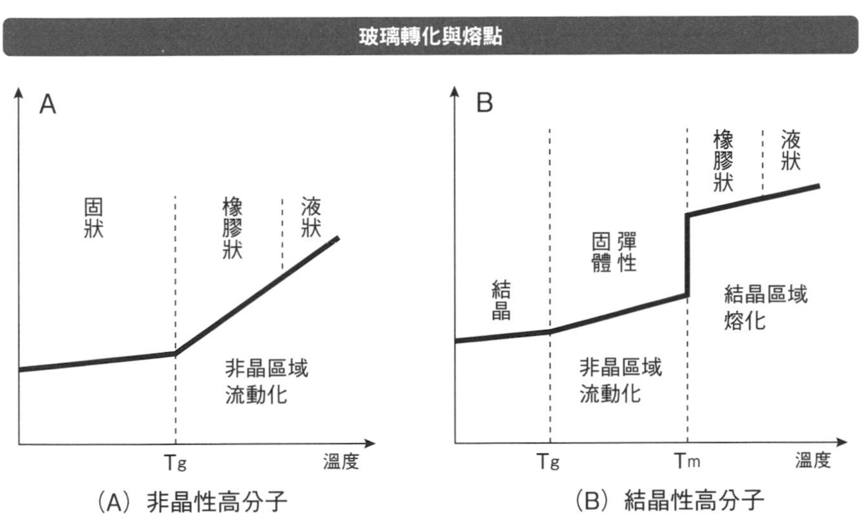

(A) 非晶性高分子　(B) 結晶性高分子

熱塑性高分子的種類與T_g、T_m的關係

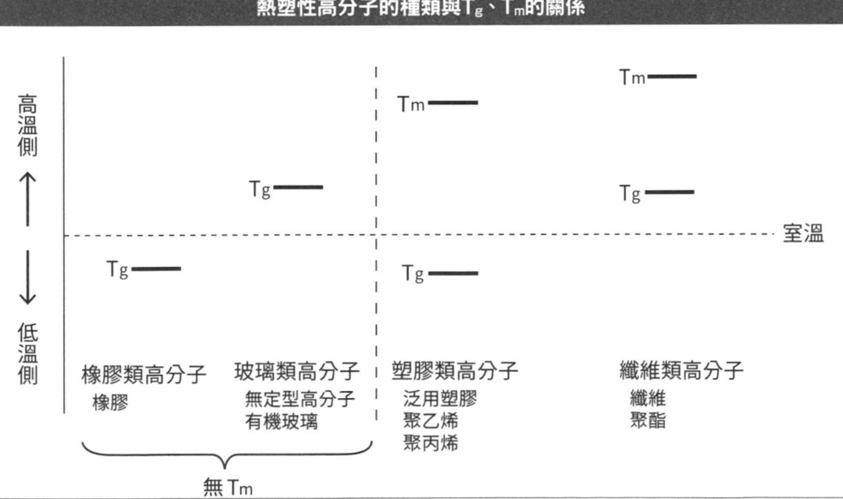

5-6

光性質

有的塑膠相當透明，甚至可以當做透鏡來用；也有的塑膠完全無法讓光通過，為什麼會有這樣的差異呢？

透明性與不透明性

分子會吸收光。分子會吸收哪些波長的光，與分子結構有關，相關理論已十分明確。由這些理論可以知道，飽和分子，即所有碳碳鍵都是單鍵的分子不會吸收可見光，會讓所有可見光通過，也就是會呈透明無色。然而，做為飽和分子的聚乙烯呈不透明狀。

聚乙烯之所以不透明，不是因為聚乙烯本身會吸收光，而是因為聚乙烯物質的內部有結晶性部分與非晶性部分。非晶性部分與液狀物類似，光線可直接通過。不過光碰到結晶性部分時，會被結晶介面反射，使該處變得不透明。就像透明的冰在敲碎成刨冰後，就會變得不透明一樣。

折射率

光通過不同物體時，速度也不一樣。真空中的光速度最快，在其他物體中則會變慢。因為速度有差異，所以當光從一個物質射入另一個物質時，前進方向也會改變，改變幅度就叫做折射率。

已知在高分子物質中，如果分子結構中含有苯環，就可以提高折射率。右頁列出了數種物質的透光率、折射率以及其他數值。某些玻璃的折射率比起高分子大很多。不過，這些玻璃通常含有二氧化鉛PbO_2，重量很重，不適合製成眼鏡。

有些水族館的水槽用聚甲基丙烯酸甲酯（PMMA，又稱為壓克力）製成，透明度比玻璃還要高。不過這種分子內不含苯環，所以折射率比含有苯環的聚碳酸酯PC，以及聚乙烯PS還要低。順帶一提，鑽石的折射率為2.42。

折射率愈大，愈適合用於製作光學鏡片。不過，對隱形眼鏡來說，為了提升穿戴的舒適度，吸水率也相當重要。PMMA在這一點上有相當優異的表現，所以隱形眼鏡幾乎都是用PMMA製成。

聚乙烯的不透明性

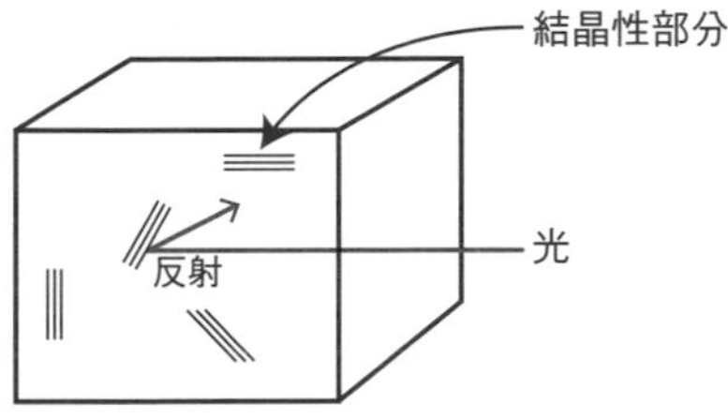

折射率

	PMMA	PC	PS	玻璃
透光率	92	88	89	90
折射率	1.49	1.59	1.59	1.4～2.1
熱變形溫度（℃）	100	140	70～100	
吸水率	2.0	0.4	0.1	

PMMA $\left(H_2C-CH\right)_n$，CH 上接 $O=C-OCH_3$

PC $\left(O-C_6H_4-C(CH_3)_2-C_6H_4-C(=O)\right)_n$

PS $\left(H_2C-CH\right)_n$，CH 上接苯環

5-7 導電性質

物質可依導電度分成導體、半導體、絕緣體等。在一般人的印象中，高分子是典型的絕緣體，不過現在我們已開發出了高分子導體、高分子半導體等材料。

絕緣性

電流相當於電子的流動。若電子從A地點流動到B地點，便定義為電流從B流動到A。金屬內有許多構成金屬鍵的自由電子。這些電子的移動會形成電流，所以金屬的導電性相當高。

不過高分子內的電子是構成共價鍵的鍵結電子。這種電子只會停留在2個原子之間，無法任意移動，所以高分子為絕緣體。其中，聚乙烯因為有很高的絕緣性，所以常用於製作電線的包覆材料。便宜、阻燃性又高的聚氯乙烯則常用於家庭用電線的包覆材料。

右頁列出了數種物質的導電率，可以看到有些高分子的導電能力甚至與金屬相當。之後的章節中會再詳細介紹這些功能性高分子。

防靜電措施

若將2種不同材料的物體彼此摩擦，那麼其中一種材料上的電子會移動到另一種材料上。電子增加的材料會帶有負電，電子減少的材料則會帶正電。無論如何，兩者都會累積一定程度的靜電，這就是靜電的原因。

高分子與金屬摩擦後，電子會從金屬移動到高分子上，使金屬帶正電，高分子帶負電。若帶有靜電的物體接觸到導電性高的物體，電子就會在兩者間移動，啪的一聲產生電流，這可不是什麼愉快的刺激。

靜電所產生的火花常是重大事故的原因，所以科學家們正在努力開發各種擁有導電性的高分子。

其中1種方法是在高分子表面塗布金屬粉，或者鍍上某些金屬。也可以添加抗靜電劑，譬如低分子的銨鹽R-$NH_3^+Cl^-$等電解質，或者碳黑（carbon black）、金屬粉等物質。前者可讓導電率提升10^6倍，後者則可提升10^{12}～10^{15}倍。

各種物質的導電率

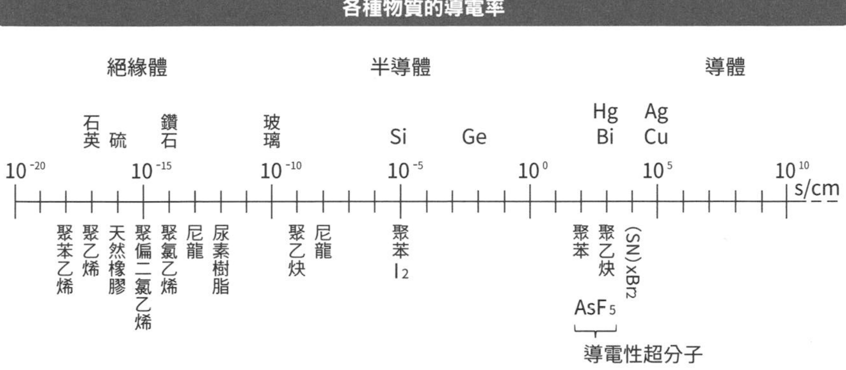

防靜電措施

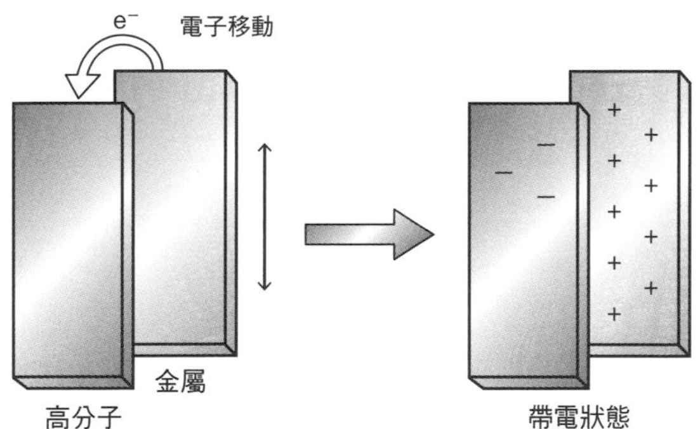

MEMO

高分子的化學性質

接著讓我們來看看高分子的各種化學性質吧。化學性質包括溶解度、耐化學藥劑性、透氣度、阻燃性等。本章將帶您了解改良高分子這些性質的特殊方法與反應。

6-1

溶解性

高分子為有機物，就像奶油一樣，難溶於水，卻可溶解於油、石油等有機溶劑中。

潤脹與溶解

熱固性聚合物不會溶解在液體中，熱塑性聚合物卻可溶解。將熱塑性聚合物丟入適當溶劑，高分子就會溶解。熱塑性聚合物的單體分子為非晶固體，包含了密集成束的結晶性部分，以及蓬鬆雜亂如毛球般的非晶性部分。因此，熱塑性聚合物丟入溶劑後，溶劑分子會先浸潤非晶性部分，使非晶性部分變得更蓬鬆、柔軟，這種狀態就叫做潤脹。

若繼續浸泡在溶劑中，溶劑會繼續浸潤到結晶性部分內，使結晶性部分漸漸鬆開。最後高分子鏈會一條條分開，紛紛被周圍的溶劑包圍，這個過程叫做溶劑化。這就是高分子溶解的過程，會形成高分子溶液。

溶解度參數

溶劑決定了高分子是否能夠溶解。高分子易於溶解的溶劑稱為良溶劑，高分子難以溶解的溶劑則稱為不良溶劑。高分子鏈在良溶劑中會不斷伸展，使熵持續擴大，在不良溶劑中則會蜷縮成一團。

低分子量的溶質與溶劑會遵從「相似者易溶」的原則，如果溶質的結構或性質與溶劑相似，溶解度就大。不過，這個原則在高分子中不一定適用。舉例來說，聚乙烯與己烷C_6H_{14}皆為碳氫化合物，但兩者並不互溶。

相對於此，我們會用「溶解度參數」做為溶解度的指標。右頁下方的圖中，橫軸就是溶解度參數。橫軸上方為溶解度參數對應的高分子，下方為對應的溶劑。

高分子易溶於溶解度參數與自身相似的溶劑中。也就是說，這個圖中，高分子（橫軸上方）與溶劑（橫軸下方）的橫軸座標愈近，高分子就愈容易溶解。

對於一般物質而言，溶劑化的容易度是溶解的指標。不過對於高分子物質而言，除了溶劑化容易度之外，溶解的高分子可以伸展得多長、變得多自由，或者說熵可以變得多大，也是必須考慮的重要因素。

膨潤與溶解

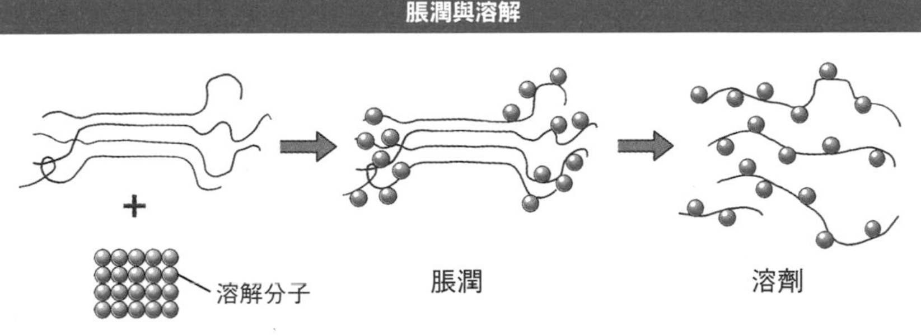

良溶劑與不良溶劑

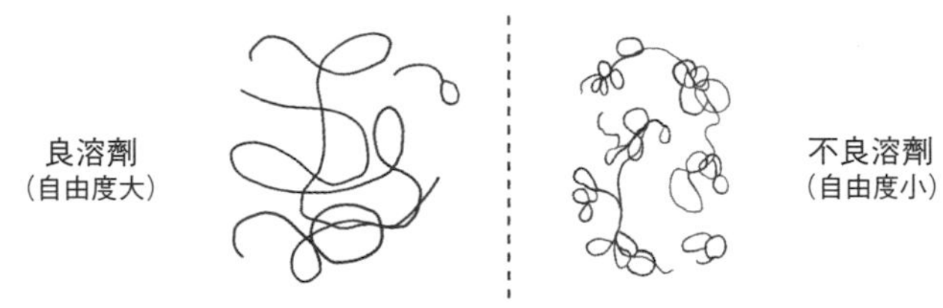

溶解度參數

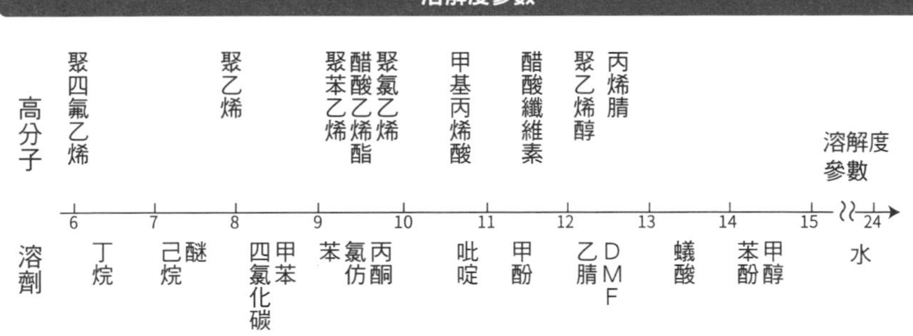

6-2

高分子溶液

低分子與高分子的性質有很大的差異。不僅如此，兩者溶液的性質也有很大的差異，以下就讓我們來看看幾個例子。

威森堡效應

假設燒杯的溶液中溶有砂糖等低分子。將玻棒伸入燒杯溶液中旋轉攪動，此時玻棒周圍會產生漩渦，而且愈靠近漩渦中心的玻棒，液面就愈往下凹。

不過，如果對聚乙二醇這種高分子的溶液做同樣的事，則玻棒周圍的溶液會往玻棒身上纏繞，愈靠近玻棒，液面愈高。

這種因為高分子鏈之間的作用力，使分子纏繞在玻棒上的現象，稱為威森堡效應。

溶液壓力

觀察水龍頭流出的自來水，會發現水流出水龍頭的瞬間，水柱會變得比水龍頭的口徑還要細。不過，如果讓高濃度高分子溶液從同樣的水龍頭流出，在溶液流出水龍頭的瞬間，水柱會變得比水龍頭口徑還要粗，之後再逐漸變細。

這是因為當溶液通過細管時，溶液內的高分子會彼此糾結，提高壓力。離開細管的瞬間，這些高分子從細管的束縛中解放，於是突然擴張開來。

流動現象

將燒杯內的高濃度高分子溶液倒到其他燒杯時，一開始與低分子溶液類似，要傾斜上方的燒杯，使溶液留下。不過，倒出一定量的溶液後，即使把上方的燒杯擺正，溶液仍會繼續越過杯壁，流至另一個燒杯，就像一個透明的虹吸管一樣。

因為高分子會彼此糾結，所以前方的高分子會拉住後方的高分子，使所有的高分子一起移動到另一個燒杯。

低分子與高分子的性質差異

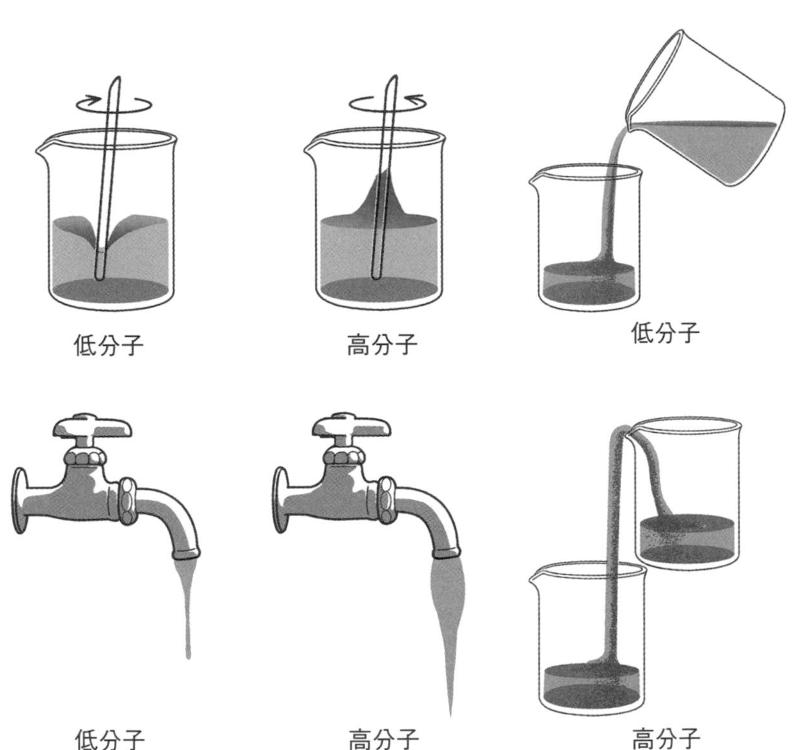

6-3 耐化學藥劑性

塑膠是相當優異的材料，可以製成各式各樣的產品。不過各種產品要求的性質各有不同，有些要求機械強度、有些要求耐熱性，還有些產品會要求耐酸、耐鹼等耐化學藥劑性。

藥劑與高分子的關係

化學藥劑侵蝕高分子的機制與高分子的溶解機制類似。藥劑會侵入高分子的非晶性部分，然後侵入結晶性部分，將高分子一個個分離。因此，高分子特別容易被溶解度參數相近的藥劑侵蝕。

另外，藥劑侵蝕高分子時，藥劑分子需在高分子內自由擴散，也就是說，藥劑分子能否自由活動是個關鍵，而高分子的性質會大幅影響到這點。換言之，高分子鏈中必須有足夠空間讓化學藥劑移動。

如果高分子鏈之間有很強的分子間力，彼此緊密相連，擁有很高的內聚能；或者分子結構內含有許多苯環之類的堅硬部分，使分子鏈本身不易拗折，那麼藥劑分子的行動就會受到限制，這樣的高分子就會擁有很高的耐化學藥劑性。

高分子的耐化學藥劑性

聚醯胺（尼龍）或聚酯（PET）等分子內包含了帶正電的部分以及帶負電的部分，為極性分子，分子間引力相當強。因此，這些高分子難以被溶劑等化學藥劑分子滲入，擁有很強的耐化學藥劑性。不過，對於極性溶劑、酸或鹼的耐性就很弱。

相對的，無極性的聚乙烯對有機溶劑的耐化學藥劑性較低，卻對酸或鹼有很強的耐化學藥劑性。

右頁表列出了數種高分子的耐化學藥劑性。可以看出聚丙烯與聚乙烯對有機溶劑的耐受性較弱，對酸、鹼的耐受性較強。相對的，尼龍與PET

對高濃度酸、鹼溶液的耐性就比較弱。

將聚乙烯的氫H全部置換成氟F，可得到鐵氟龍，是種典型的無極性高分子。它的無極性程度相當強，與有機溶劑的親和性卻很低。除此之外，鐵氟龍的結晶化程度為95%，相當高，故可抑制藥劑的侵入與擴散，可以說是耐化學藥劑性最強的高分子。

化學藥劑與高分子的關係

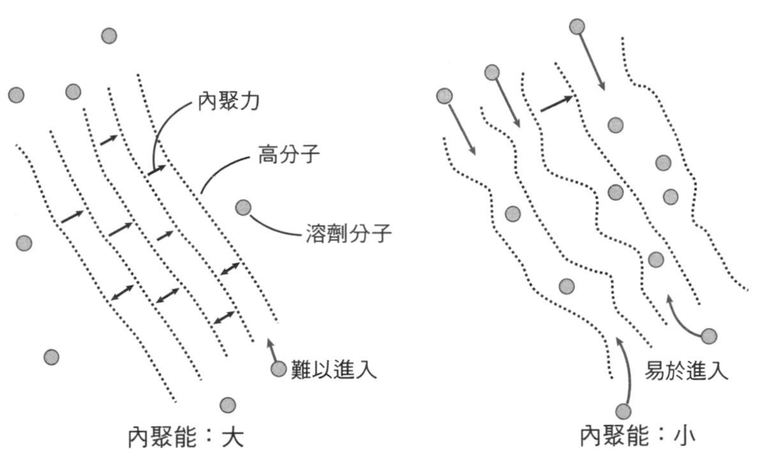

高分子的耐化學藥劑性

	聚碳酸酯	尼龍66	PET	聚乙烯	聚丙烯	鐵氟龍®
有機溶劑	△～×	◎	◎	×	△	◎
低濃度酸鹼	○～△	◎～○	◎	◎	◎	◎
高濃度酸鹼	△～×	△～×	△～×	○	◎	◎

6-4

透氣性

高分子膜在巨觀下看起來沒有任何空隙，是密閉性很高的材料，不過在微觀下看起來則是由許多線組成，每條線之間有不少空隙。內部的臭味可穿過高分子膜，溢出至外界；外界的氧氣也可能進入內部，使收納物氧化。

障壁性

障壁性是氣體通過高分子材料的難度指標。對經常使用於包裝用膜、包裝水的PET材料（寶特瓶）而言，障壁性是相當重要的性質，可以想成是高分子耐化學藥劑性的氣體版。

決定高分子之氣體障壁性的是，氣體分子在高分子內的溶解性與擴散性。溶解性可由溶解度參數推論出來。也就是說，溶解度參數與高分子膜愈接近的氣體，愈容易通過高分子膜。譬如，氧氣、二氧化碳這類非極性氣體，相對較容易通過聚乙烯等非極性高分子製成的膜。不過，像水這種極性分子，就不容易通過聚乙烯製成的膜了。

另外，極性高分子膜的分子間力相當強，故分子的內聚力也很強。氣體進入高分子後，擴散能力會大幅下降。另外，如果高分子的結構中有苯，會比較堅硬，分子的擴散力也會比較低。

積層膜

所以說，如果要提升高分子膜的障壁性，就不能只用單一高分子製成膜，而是要將多種膜貼合在一起，製成積層膜般的結構。如果想製成萬能的膜，只要將極性高分子膜與非極性高分子膜重疊就可以了，如果中間再夾一層鋁箔之類的異質膜，就更完美了。

雖然這種膜在使用上很方便，不過使用完畢後的回收再利用就會變得很麻煩，目前仍是一大缺點。

高分子的障壁性

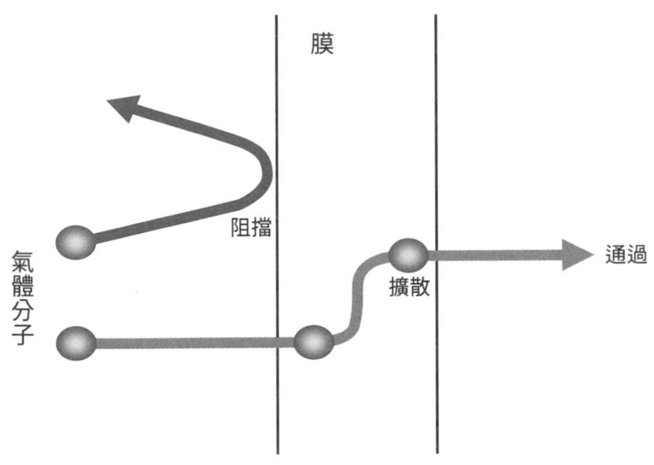

高分子的內聚能密度與氧氣穿透度

聚合物	內聚能密度	氧氣穿透度
聚乙烯醇	230	0.64
聚偏二氯乙烯	140	16
尼龍6	130	180
PET	120	460
聚丙烯	60	23000
聚乙烯	70	74000

積層膜的化學式

$$\left(CH_2 - \underset{\displaystyle OH}{\underset{|}{CH}} \right)_n$$

聚乙烯醇

$$\left(CH_2 - CCl_2 \right)_n$$

聚偏二氯乙烯

6-5

耐熱性與阻燃性

高分子在熱方面的性質，可以分成物理性與化學性2個層面來討論。這裡要介紹的是化學層面的性質。化學上，究極的熱變性就是燃燒。

化學耐熱性

如同先前提到的，在溫度回復後，因熱而產生的物理變性也會恢復原狀。換言之，物理熱變性是可逆變化。相對的，化學熱變性關係到化學鍵的切斷、再鍵結，使分子結構產生不可逆的變化。多數情況下，高分子鏈會愈來愈短，愈來愈像低分子。最後變得和一般分子一樣，與周圍的氧氣反應，燃燒生成二氧化碳與水。

就像之前提到耐化學藥劑性、障壁性時一樣，若要提升高分子的化學耐熱性，以下2點相當重要。

A 提升分子骨架的堅硬程度

B 強化分子間力

若採取A的方法，可考慮在高分子的主鏈加上苯環，或者使其生成聚亞醯胺般的梯狀結構。而若採取B的方法，可試著提升高分子的結晶性。

阻燃性

壁紙、窗簾等建築上使用的纖維需具備「難以燃燒」的特性，即阻燃性，以降低發生火災的風險。物質的燃燒就是分子與氧氣的結合，這個過程需要以下2個階段的化學反應。

①高分子的鍵結斷開。

②與氧生成鍵結。

若要阻止上述反應，需提升高分子的鍵能，使高分子的鍵結不易斷開。可考慮在分子內加入苯環結構，使分子變得較為堅硬，或者使其生成聚亞醯胺般的梯狀結構。

我們可以用燃燒時必要的氧氣濃度LOI%（Limited Oxygen Index，限氧指數），做為高分子燃燒難度的指標。以下列出了數種高分子的LOI%。鐵氟龍的LOI超過90%，即使在很極端的條件下也不會燃燒，阻燃性遙遙領先其他材料。相對的，主鏈上就有氧原子的聚甲醛，LOI%只有16%，非常容易燃燒。聚乙烯也比纖維素還要容易燃燒，這可以說是碳氫化合物的宿命。

化學耐熱性

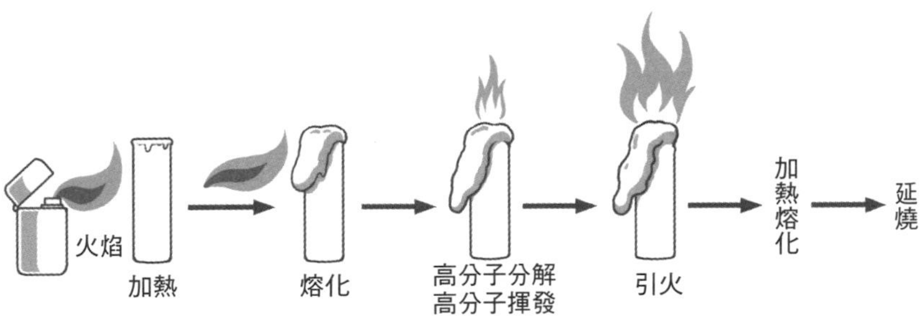

LOI%（限氧指數）

燃燒難度的指標	LOI：(%) 燃燒必要的氧氣濃度		
鐵氟龍	95	難燃性	X：鹵素
聚氯乙烯	45		
酚醛樹脂	35		在主鏈加上芳香環
尼龍 66	23	自熄性	CH_2 CH_2 CH_2 CH_2
聚碳酸酯	26		柔軟，易受熱熔化
聚乙烯醇	22		
纖維素	19	延燒性	CH_2 O CH_2 O CH_2 O CH_2
聚乙烯	17		
聚甲醛	16		柔軟，易受熱熔化

6-6

化學活性

分子會進行化學反應。特別是有機分子有著容易產生化學反應的特徵。高分子也是有機分子，所以高分子同樣會進行化學反應。

交叉鏈接反應

交叉鏈接反應是科學家們很早就知道的高分子反應。簡單來説，交叉鏈接反應就是2條高分子鏈之間，以某些方式連接，形成橋一般之結構的反應。譬如，橡膠的硫化反應就是其中之一。

從橡膠樹採集到的樹液凝固後就是天然橡膠。天然橡膠可以拉長，但放手之後不會縮回去。要是繼續拉長就會斷掉，與口香糖類似。需在天然橡膠中加入硫化促進劑R・，以及硫S_x，才能製造出我們印象中有一定彈性的橡膠，可在一定範圍內伸縮。

橡膠高分子1與硫化促進劑R・混合後，R・會從1身上拔去1個氫自由基（氫原子）H・，生成自由基中間物2。接著加入硫S_x後，中間物會與S_x結合，形成自由基3。3與另一個分子1反應後，2條橡膠分子就會透過S_x鏈接在一起，形成分子4。使這種反應在橡膠分子團內多次進行，就可以讓橡膠分子彼此鏈接，使橡膠被拉長時也不會輕易斷裂。此為口香糖與橡膠的基本差異。

接枝聚合

我們在説明高分子合成的活性聚合時，就有提過接枝聚合了。這裡來看看另一種不同反應機制的接枝聚合。

將分子鏈中有氯原子Cl的高分子1，與有機鋁化合物Et_2AlCl作用，氯會以陰離子的形式脫離，形成陽離子中間物2。這種中間物與單體分子3反應後，2的陽離子部分會發生陽離子聚合反應，形成與1不同的高分子4，生成接枝高分子。

以這種方式形成的接枝高分子，同時擁有高分子1與高分子4的性質，或者擁有兩者之間的性質，故功能性上可能會比原本的原料高分子更好。

交叉鏈接反應

交叉鏈接反應

$$\left(CH_2-\overset{\large CH_3}{\overset{|}{C}}=CH-CH_2 \right)_n \ (1) \xrightarrow[\text{硫化促進劑}]{R\cdot} \left(CH_2-\overset{\large CH_3}{\overset{|}{C}}=CH-\underset{\bullet}{CH} \right)_n \ (2)$$

$$\xrightarrow{S_8} \left(CH_2-\overset{\large CH_3}{\overset{|}{C}}=CH-\underset{\dot{S}_x}{\underset{|}{CH}} \right)_n \ (3) \quad + \quad \left(CH_2-\overset{\large CH_3}{\overset{|}{C}}=CH-CH_2 \right)_n \longrightarrow \left(CH_2-\overset{\large CH_3}{\overset{|}{C}}=CH-CH \right)_n -S_x- \left(CH_2-\overset{\large CH_3}{\overset{|}{C}}=CH-CH \right)_n$$

接枝反應

$$\sim\sim\text{Cl} \ (1) \xrightarrow{Et_2AlCl} \sim\sim^{+} \ (2) \xrightarrow[3]{H_2C=\overset{X}{\overset{|}{C}H}} \sim\sim CH_2-\underset{X}{\underset{|}{C}H^{+}} \xrightarrow{H_2C=\overset{X}{\overset{|}{C}H}}$$

接枝高分子

4

6-7

高分子的物性改良

完成後的高分子，可以進一步改良其性質，這時會加入改良品質用的添加劑，或者混入其他高分子。

塑化劑

高分子由數千至1萬多個碳連接而成。一般來說，這種高分子就像玻璃一樣硬。不過，我們使用的塑膠中，也有不少產品像軟片或軟管一樣柔軟富彈性。這種柔軟的高分子多含有特殊材料，也就是讓高分子軟化的塑化劑。

聚氯乙烯的軟管是透過塑化劑軟化塑膠的例子之一。塑化劑有許多種，可依需求混合不同種類的塑化劑來使用。而混合的種類、比例則是各家企業的絕竅。

鄰苯二甲酸衍生物是常用的塑化劑。不同的塑膠，塑化劑的使用量也不一樣，有時甚至會加入超過50%質量的塑化劑。正常使用塑膠產品時，塑膠本身不會溶解於液體中，不過塑化劑可能會溶出來。在聚氯乙烯軟管剛開始使用於輸血用軟管時，曾發生過塑化劑溶於血液中，使患者休克的事故。

聚合物合金

將2種高分子混合，可以得到性質介於兩者之間的高分子。這類由多種高分子（polymer）混合而成的高分子混合物，與金屬合金（alloy）類似，故也被稱為聚合物合金（polymer alloy）。

聚合物合金的問題在於，我們很難讓高分子均勻混合。如果只是單純將高分子A與高分子B混合攪拌，並沒有辦法使其均勻混合。這只會形成有多數A聚集與多數B聚集的區域，就像馬賽克般的結構。這不僅沒辦法讓產物有期望中的性能，產物中2種區域的交界面還會變得相當容易斷裂，反而讓塑膠的質地變得很糟。

若要消除這種缺點，需使用相容劑。加入相容劑後，2種高分子就會各自分散開來，形成均勻混合的聚合物合金，就像媒人的作用一樣。總之，使用相容劑就可以製造出由高分子A與B單體分子混合而成的共聚物。

塑化劑

DEHP（鄰苯二甲酸二(2－乙基己基)酯）

DBP（鄰苯二甲酸二丁酯）

相容劑

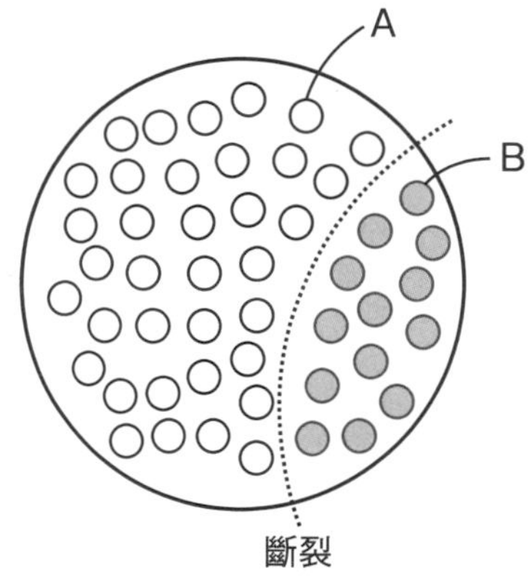

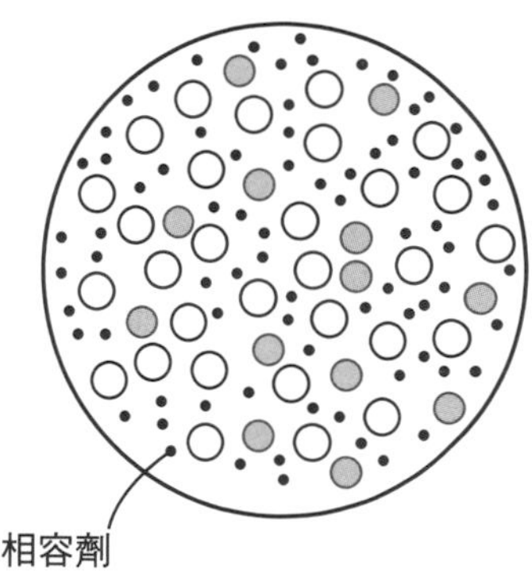

6-8

高分子的劣化

高分子的劣化與光、熱、水、空氣等環境因子、高分子的化學結構及物理結構等結構因子有關。其中，影響最大的是空氣中的氧氣。

高分子的劣化機制

高分子因氧氣的氧化作用而劣化的機制，如右頁所示。高分子R-H的C-H鍵結會因為光能而斷裂，生成高分子自由基R・。這個自由基與氧結合後會生成R-OO・這個高分子的過氧化物自由基。這個自由基會再攻擊其他高分子，拔掉其他高分子的H，得到高分子的過氧化物R-OOH與高分子自由基R・。

生成的R・、ROO・會繼續攻擊其他高分子，使C-C鍵結陸續斷開，最後造成高分子劣化。

結構性原因

高分子劣化的關鍵在於高分子自由基R・。簡單來說，愈容易生成R・的高分子，愈容易劣化。也就是說，C-H的鍵能愈小，愈容易斷裂，也愈容易劣化。

右頁圖中比較了各種分子中的C-H鍵能。鍵能大小會隨著C-H碳原子上的甲基CH_3個數而改變。甲基個數愈多，鍵能就愈低，C-H鍵愈容易斷裂。這個順序也反映了C-H鍵斷裂後生成的高分子自由基之穩定性。也就是說，擁有自由基電子的碳上有愈多甲基，就愈穩定。

防止劣化

為了防止高分子劣化，可在高分子內添加紫外線穩定劑或抗氧化劑。若要防止紫外線造成自由基，可添加紫外線吸收劑，或是能夠捕捉自由基的自由基捕獲劑。另外，抗氧化劑可以捕捉氧化所產生的自由基，也就是說，抗氧化劑也有自由基捕獲劑的作用。

自由基捕獲劑包括苯酚類的Ph-OH與芳香胺類的Ph-NH_2。塑膠通常會使用接近無色的苯酚類分子，橡膠則會使用胺類分子。

高分子劣化機制

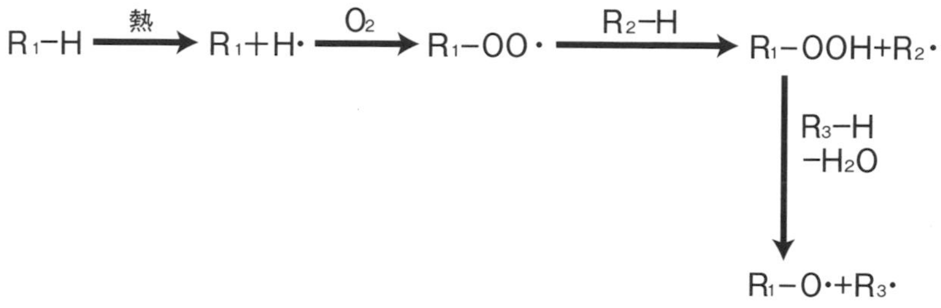

$$R_1{-}H \xrightarrow{\text{熱}} R_1 + H\cdot \xrightarrow{O_2} R_1{-}OO\cdot \xrightarrow{R_2{-}H} R_1{-}OOH + R_2\cdot$$

$$R_1{-}OOH \xrightarrow[-H_2O]{R_3{-}H} R_1{-}O\cdot + R_3\cdot$$

生成的自由基種類：$R_1\cdot$,$R_2\cdot$,$R_3\cdot$,$R_1{-}OO\cdot$,$R_1{-}O\cdot$, etc.

高分子劣化的結構性原因

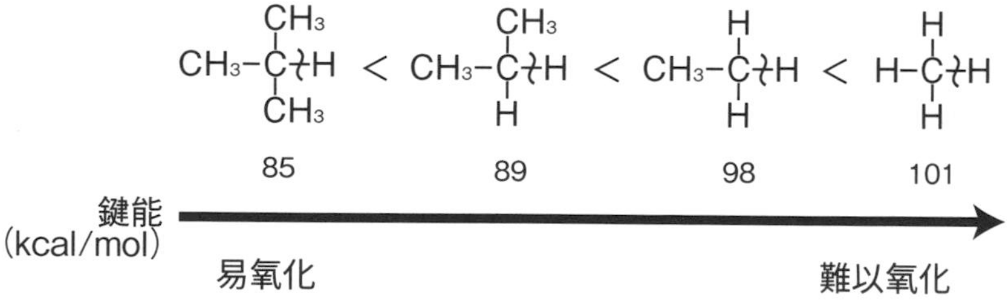

$$(CH_3)_3C{-}H < (CH_3)_2CH{-}H < CH_3CH_2{-}H < CH_3{-}H$$

$CH_3{-}C(CH_3)_2{-}H$	$CH_3{-}CH(CH_3){-}H$	$CH_3{-}CH_2{-}H$	$H{-}CH_2{-}H$
85	89	98	101

鍵能（kcal/mol） →

易氧化 …… 難以氧化

MEMO

第 7 章

高分子材料的種類與性質

高分子是許多器具的原料。高分子種類繁多，除了由碳原子及氫原子構成的有機物高分子之外，還包括了僅由碳構成的碳纖維強化塑膠、含矽的矽氧樹脂，以及由各種材料組合而成的複合材料。

7-1

泛用塑膠的種類與性質

用來做為物品材料的塑膠，大致上可以分成泛用塑膠與工程塑膠兩大類。

泛用塑膠的性質與用途

泛用塑膠、工程塑膠是從經濟、產業面角度來看的分類。泛用塑膠的特徵是可以大量生產，且會大量被消費，所以價格低廉。就功能來看，泛用塑膠最大的特徵是耐熱性較低，適用溫度在150℃以下，若高於這個溫度產品就可能會變形。

我們周圍的塑膠幾乎都是由泛用塑膠製成，可見泛用塑膠的用途廣得不可思議。堅硬固狀的泛用塑膠可製成廚房的食物保存容器、水桶、家電產品的外殼、文具等。柔軟的泛用塑膠可以製成食品的包裝袋、塑膠膜以及各種軟管。

泛用塑膠的種類

泛用塑膠在日本常被分成五大類，不過到底是哪五大類，各家說法不一。可以確定的是，不管怎麼分類，通常都會包含聚乙烯、聚丙烯、聚苯乙烯、聚氯乙烯等4種。右頁表中整理了各種主要的泛用塑膠。

聚乙烯可分成高密度聚乙烯與低密度聚乙烯2種。高密度聚乙烯的分子分支較少、結晶性較高、密度高於0.942、堅硬而不透明、耐熱性也比較高。另一方面，低密度聚乙烯的分支較多、結晶性較低、密度低於0.942。不過，低密度聚乙烯即使不加軟化劑也相當柔軟，可以製成塑膠膜或塑膠袋。

用發泡劑讓聚乙烯膨脹後，可以製成包裝時的緩衝材料、超市生魚片的托盤，或是隔熱材料、隔音材料等。近年來也被運用於雕刻材料。以多種單體分子構成的AS樹脂（丙烯腈＋苯乙烯）、ABS樹脂（AS＋丁二烯）等材料既堅硬又耐衝撞，可染成鮮豔的顏色，擁有優異的性質，常用於製作家電產品或家具的外殼。

泛用塑膠的種類與用途

	名稱	單體分子	結構	用途
單一材料	高密度聚乙烯	$H_2C{=}CH_2$	$\left[-CH_2-CH_2-\right]_n$	容器 塑膠膜 塑膠袋
	低密度聚乙烯			
	聚丙烯	$H_2C{=}CH(CH_3)$	$\left[-CH_2-CH(CH_3)-\right]_n$	容器 家電產品 汽車零件
	聚苯乙烯	$H_2C{=}CH(C_6H_5)$	$\left[-CH_2-CH(C_6H_5)-\right]_n$	保麗龍 家電產品 隔熱材料
	聚氯乙烯	$H_2C{=}CHCl$	$\left[-CH_2-CHCl-\right]_n$	水管 軟管 電線包覆材料
複合材料	AS樹脂	$H_2C{=}CH-C{\equiv}N$ $H_2C{=}CH-C_6H_5$		容器 家電產品 汽車零件
	ABS樹脂	$H_2C{=}CH-C{\equiv}N$ $H_2C{=}CH-CH{=}CH_2$ $H_2C{=}CH-C_6H_5$		容器 家電產品 汽車零件

高密度聚乙烯與低密度聚乙烯的差異

高密度聚乙烯

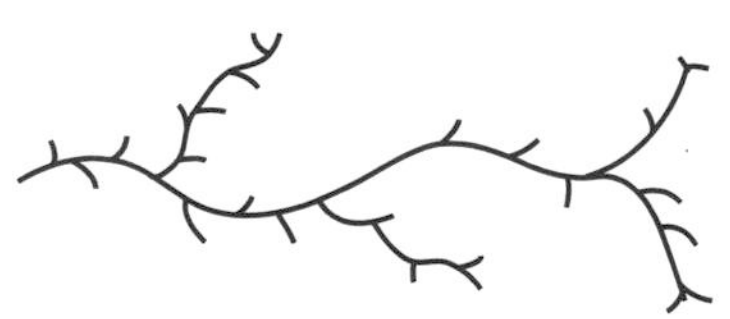

低密度聚乙烯

7-2
工程塑膠的種類與性質

在工廠等嚴苛環境下使用、高性能、少量生產、價格高昂的塑膠，稱為工程塑膠（engineering plastic），一般可分為五大類。

聚醯胺

單體分子以醯胺鍵-CO-NH-鍵結而成的高分子，尼龍為代表性的例子。工程塑膠等級的聚醯胺如克維拉、諾梅克斯等。克維拉的分子對稱性高、結晶性高、強度比鋼鐵高，而且相當輕，故可製成頭盔、防彈背心等。但也因為太硬，一般刀刃、剪刀無法切開，所以難以加工，為其一大缺點。相對於此，諾梅克斯是非對稱分子，結晶性較低，故成型加工較容易。因為防火性強，故可用於製作消防員的制服。

聚酯

PET與聚酯纖維皆為相當常見的聚酯產品，工業上則常會用到聚對苯二甲酸丁二酯。它的耐熱性、絕緣性都相當高，可用於製作電力零件、電子零件或者汽車零件等。

聚甲醛

原料為甲醛。沒有分支結構，所以結晶性相當高，熔點高，而且機械強度、耐磨耗性也高，可以說是最接近金屬的塑膠。可用於製成齒輪、軸承、機械零件等。不過，具有易燃的缺點。

聚碳酸酯

耐熱性、耐衝擊性相當高，而且透明度也很高，可用於製作汽車車窗玻璃、防盜玻璃、照明工具、手機、電視等，是常見的家用、家電用塑膠。

聚氧二甲苯

耐熱性、耐化學藥劑性相當優異，但有成型困難的缺點。因此，常會用前面提到的聚合物合金技術，將聚氧二甲苯與聚苯乙烯類塑膠混合，製成複合材料。

工程塑膠的種類與性質

名稱	原料	結構	性質
聚醯胺	$H_2N-C_6H_4-NH_2$ $HO-C(=O)-C_6H_4-C(=O)-OH$	$\left[-NH-C_6H_4-NH-C(=O)-C_6H_4-C(=O)-\right]_n$ 克維拉	質量輕 高強度 耐熱性
	$N_2H-C_6H_4-NH_2$（間位） $HO-C(=O)-C_6H_4-C(=O)-OH$（間位）	$\left[-NH-C_6H_4-NH-C(=O)-C_6H_4-C(=O)-\right]_n$（間位） 諾梅克斯	質量輕 高強度 耐熱性 阻燃性 成型容易
聚酯	$HO(CH_2)_4OH$ $HO-C(=O)-C_6H_4-C(=O)-OH$	$\left[-C(=O)-C_6H_4-C(=O)-O-(CH_2)_4-O-\right]_n$ 聚對苯二甲酸丁二酯	熱穩定性 絕緣性
聚甲醛	$H_2C=0$	$(CH_2O)_n$ 聚甲醛	高強度 耐磨耗性
聚碳酸酯	$COCl_2$（光氣） $HO-C_6H_4-C(CH_3)_2-C_6H_4-OH$	$\left[-C(=O)-O-C_6H_4-C(CH_3)_2-C_6H_4-O-\right]_n$	透明性 耐衝擊性 熱穩定性
聚氧二甲苯	$C_6H_3(NH_2)_2(OH)$（NH_2、OH、NH_2）	$\left[-C_6H_2(CH_3)_2-O-\right]_n$	耐熱性 耐化學藥劑性

7-3

合成纖維的性質與製作方式

分子的聚集情況，會大幅影響到高分子的特徵。塊狀塑膠的PET可用於製作寶特瓶，也可製成合成纖維。PET的合成纖維就是我們熟知的聚酯纖維，可用於製作衣服的內襯等。

塑膠與纖維

塑膠是絲狀分子的集合體，包含了規則排列的結晶性部分，以及蓬鬆狀隨機分布的非晶質部分。從化學的角度來看，塑膠與合成纖維是完全相同的材料。差別在於，合成纖維幾乎全都由結晶性部分組成。

製作合成纖維時，需將熱塑性聚合物加熱熔化成液狀，然後倒入射出器內，從噴嘴射出細絲。但光是這樣還不是纖維。射出的細絲會透過滾筒高速捲動，將細絲拉得更為細長，這個過程可以讓所有高分子鏈沿著同一方向延伸，形成結晶狀纖維。

三大合成纖維

右頁列出了代表性的合成纖維，包括用來製作漁網、絲襪，堅固耐用的尼龍，清洗後不用熨燙就能穿著的聚酯纖維，以及觸感滑順、可用於製作毛毯或毛衣的聚丙烯腈纖維，合稱三大纖維。

另外，聚丙烯腈纖維也叫做壓克力纖維，不過它的單體分子是丙烯腈，與單體分子為甲基丙烯酸甲酯、透明塑膠之一的壓克力截然不同。

合成纖維的製作方式

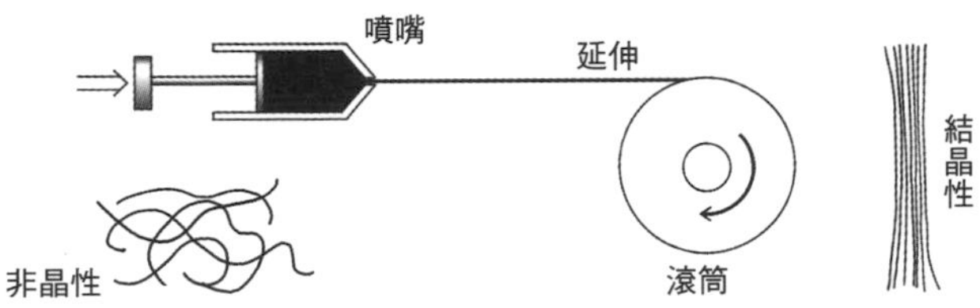

合成纖維的種類與用途

名稱	原料	結構	用途
尼龍66	$HO_2C-(CH_2)_4-CO_2H$ $H_2N-(CH_2)_6-N_2H$	$\left[\overset{O}{\overset{\|\|}{C}}-(CH_2)_4-\overset{O}{\overset{\|\|}{C}}-\overset{H}{\overset{\|}{N}}-(CH_2)_6-\overset{H}{\overset{\|}{N}}\right]_n$	絲襪 皮帶 繩索
聚酯	$HO_2C-C_6H_4-CO_2H$ $HO-CH_2CH_2-OH$	$\left[\overset{O}{\overset{\|\|}{C}}-C_6H_4-\overset{O}{\overset{\|\|}{C}}-O-CH_2CH_2-OH\right]_n$	襯衫 混紡衣物
聚丙烯腈	$H_2C=CH-C\equiv N$	$\left[CH_2-\underset{C\equiv N}{\underset{\|}{CH}}\right]_n$	毛衣 毛毯

COLUMN 偏光玻璃

光擁有橫波的性質，振動方向與前進方向垂直。一般的光線是由許多光波組成的集合體，這些光波的振動方向各不相同。

若將高分子膜朝特定方向拉長，那麼分子就會沿著固定方向排列。光線通過時，只有振動方向與這個方向一致的光波可以通過。若將這種膜貼在眼鏡鏡片上，可製成僅讓特定偏振方向的光通過的眼鏡。這種鏡片稱為偏光鏡片，可降低光線眩目的程度，常見於太陽眼鏡、汽車頭燈等產品。

▼偏光玻璃的特徵

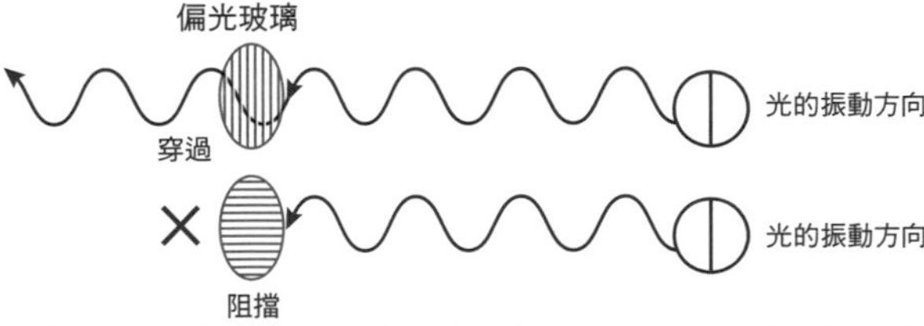

7-4

特殊合成纖維

衣物的合成纖維會直接與肌膚接觸，所以衣物的合成纖維光是堅固還不夠，還需要穿起來舒服、看起來美觀才行，所以衣物的合成纖維還須經過各種加工。纖維的橫剖面形狀就是重點之一，依需求可以製成橢圓、星形、中空等形狀。

極細纖維

這種纖維的直徑只有與過去常用纖維的數分之一，可以說是劃時代的纖維。這是由1種可溶於溶劑的高分子材料，以及1種不會溶於溶劑的高分子材料混合製成的纖維，且這2種高分子不會互溶。這2種高分子會在不互溶的情況下製成纖維狀，就像是在可溶性高分子中，有好幾條不溶性高分子形成的纖維一樣，有點像是日本的金太郎糖。合成出混合纖維後，再把整個纖維置入溶劑中，可溶部分就會被溶劑溶解，只剩下不溶於溶劑的極細纖維。

用這種方式製成的極細纖維可織成布，或者製成人造麂皮。

形狀記憶纖維

以天然植物纖維織成的布料，穿起來很舒適，但洗滌過後會縮水、起皺。防皺加工就是為了減少這類情況，這種纖維可以記住起皺前的自身形狀，故稱為形狀記憶纖維。

衣服經洗滌後會起皺紋、縮水，是因為纖維的非晶質部分為不規則結構，分子間存在空隙，所以在洗滌後，這個部分的體積會出現變化，進而產生皺紋。

形狀記憶纖維會在這些非晶質部分加上鏈接，提升該處的剛性，防止體積變化。

具體來說，就是讓纖維與甲醛等分子反應。如此一來，就會產生前面介紹酚醛樹脂的章節中提到的反應，高分子鏈與高分子鏈之間會形成CH_2的鏈接結構，防止形狀產生變化。

極細纖維的製造方式

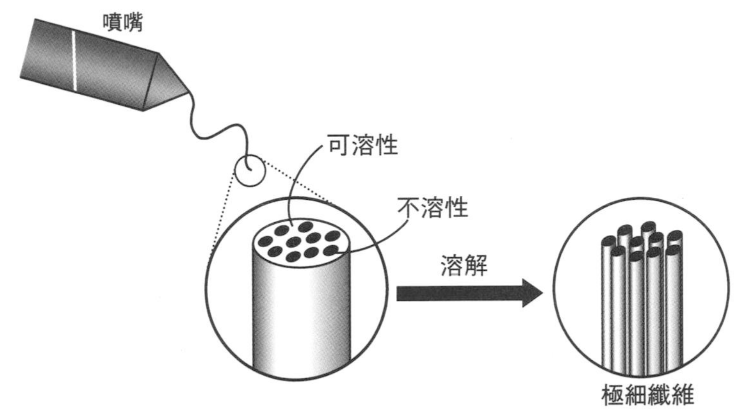

形狀記憶纖維的特徵

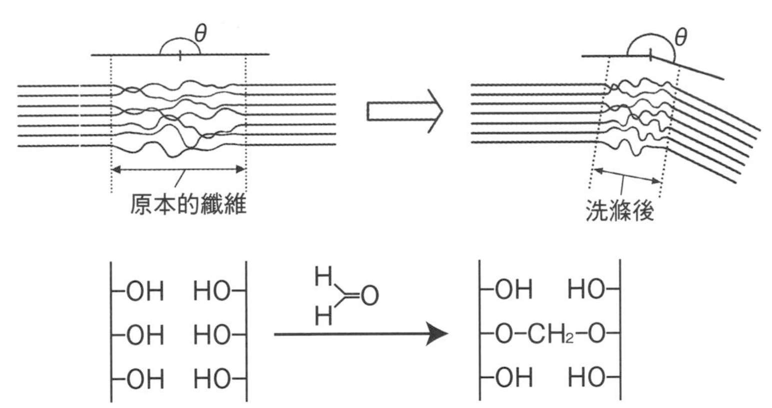

7-5

橡膠的種類與性質

天然橡膠是人類初次接觸到的橡膠。劃開橡膠樹的樹幹後滲出的樹液，經濃縮後得到的黏稠物質，就是所謂的天然橡膠。這種物質柔軟而易變形，可以伸得很長，不過伸長到一定程度後就會斷裂，就像口香糖一樣。

就像我們在第5章中提到的，天然橡膠經硫化反應後，就會得到可任意伸縮的橡膠。

天然橡膠

天然橡膠的分子結構相當簡單。單體是有5個碳原子，名為異戊二烯的分子。這個分子有2個雙鍵，聚合後就可得到天然橡膠，也叫做異戊二烯橡膠。

以化學方法合成異戊二烯橡膠是很簡單的事。只要先合成異戊二烯，然後再使其聚合成高分子就可以了，基本上與合成聚乙烯的過程差不多。雖然這種橡膠在結構上與天然橡膠完全相同，不過我們仍會稱其為合成橡膠。在化學上這種與天然橡膠相同的橡膠被稱為合成天然橡膠。

合成橡膠

一般我們熟知的合成橡膠包括EP與NBR等。如右頁表所示，這2種分子都是由2種單體分子共聚合後形成。不過，如果只用這些分子合成橡膠，那麼成品會與天然橡膠一樣延展度有限，若一直拉下去就會斷掉。因此，這類橡膠也須經過硫化反應，形成交叉鍵接結構。

經交叉鍵接反應後的橡膠與熱固性聚合物類似，加熱後也不會軟化，難以塑造成型。於是工程師們又開發出了一種硫化後擁有與一般橡膠相同的彈性，且可在加熱後軟化的劃時代橡膠。這種橡膠稱為熱塑性彈性體，SBR就是其中之一。

SBR是丁二烯與苯乙烯的共聚物。聚丁二烯部分與丁二烯橡膠性質類似。不過，聚苯乙烯部分則因為擁有許多苯環，所以分子間力很強，有一定的結晶性，這也是負責進行交叉鏈接的部分。因此，就算拉伸這種橡膠，這個部分也不會被扯開。整體而言，這種高分子可擁有與橡膠相同的伸縮彈性。加熱後，因為分子運動變得劇烈，所以苯乙烯部分會失去結晶性，表現出可塑性。

天然橡膠與合成橡膠

名稱	原料	結構	用途
合成天然橡膠	$CH_2=C(CH_3)-CH=CH_2$ 異戊二烯		分子結構與天然橡膠相同
Buna橡膠	$H_2C=CH-CH=CH_2$ 丁二烯	$-(CH_2-CH=CH-CH_2)-$	高彈性的彈力球Super Ball
EP	$H_2C=CHCH_3$ 丙烯 $H_2C=CH_2$ 乙烯		隨機的甲基可防止其結晶 耐劣化性
NBR	$H_2C=CH-CH=CH_2$ $H_2C=CH-CN$ 丙烯腈	$-(H_2C-CH=CH_2-CH_2-CH(CN))_n-$	耐油性
SBR熱塑性彈性體	$H_2C=CH-CH=CH_2$ $H_2C=CH-C_6H_5$ 苯乙烯	$-(H_2C-CH=CH_2-CH_2-CH(C_6H_5))_n-$	25%苯乙烯可用於輪胎 苯乙烯用於硫化反應

SBR的性質

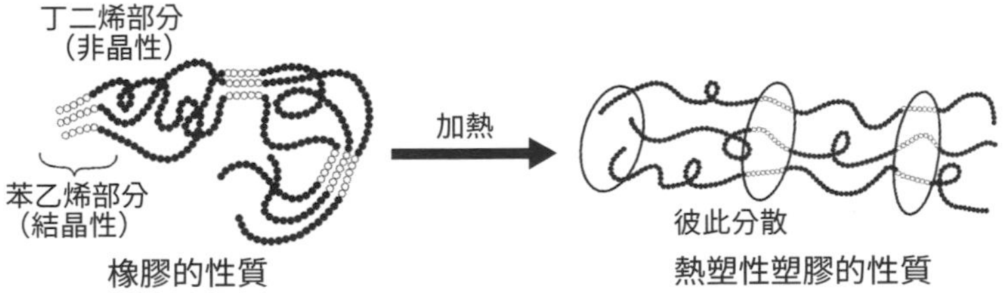

7-6

碳纖維的種類與性質

2011年，次世代客機787隆重登場。它的機體中約有50%的質量是碳纖維。碳纖維是複合材料的一種。由碳構成的纖維經熱固性塑膠固定後，便可形成碳纖維。碳纖維的比重只有鐵的1/4，強度卻是鐵的10倍，而且還擁有導電性。

PAN系與PITCH系

一般的高分子以碳原子為主成分，另外也包括氫、氧等原子。不過碳纖維如名稱所示，只包含碳元素，故有時會被歸類為無機高分子。依原料與製作方式的不同，碳纖維可以分成PAN系與PITCH系2種，兩者皆為日本開發的產品。

PAN系碳纖維的製造方式如右頁圖所示。將聚丙烯腈1加熱，使其閉環形成2。2再進一步加熱產生雙鍵後形成3。3再繼續加熱可除去氮N，得到碳纖維4。4是僅由碳構成的化合物，因為是層狀結構，故也可視為石墨的一層，或是石墨烯。

PITCH系碳纖維是以提煉石油或者乾餾煤炭的副產物「瀝青」（pitch）為原料製成，並因而得名。也因此，與PAN系碳纖維相比，PITCH系碳纖維比較沒有明確的結構。

目前市面上的碳纖維有90%左右是PAN系碳纖維。從性能、成本、操作便利性的平衡來看，PAN系碳纖維的表現明顯較佳。

碳纖維的特徵

實際使用碳纖維時，會將碳纖維的絲線織成布狀，然後將好幾枚布疊在一起，浸泡在熱固性聚合物的原料液內，加熱使其硬化，與玻璃棉一樣屬於複合材料。

簡單來說，碳纖維的特徵就是「輕又堅固」。與鐵相比，比重只有鐵的1/4，強度約為鐵的10倍，彈性係數是鐵的7倍。除此之外，碳纖維的耐磨耗性、耐熱性、熱伸縮性、耐酸性、導電度都相當優異。因此包含戰鬥機在內，碳纖維已是各種飛機機體不可或缺的材料。

不過碳纖維也有缺點。那就是價格昂貴、加工困難、回收困難等。加工困難的主要原因在於碳纖維的各種性質多擁有各向異性。根據堆疊方向的差異，會造成碳纖維在各方向上的物性有很大的不同。因此，在加工時需要特殊的訣竅。

碳纖維的特徵

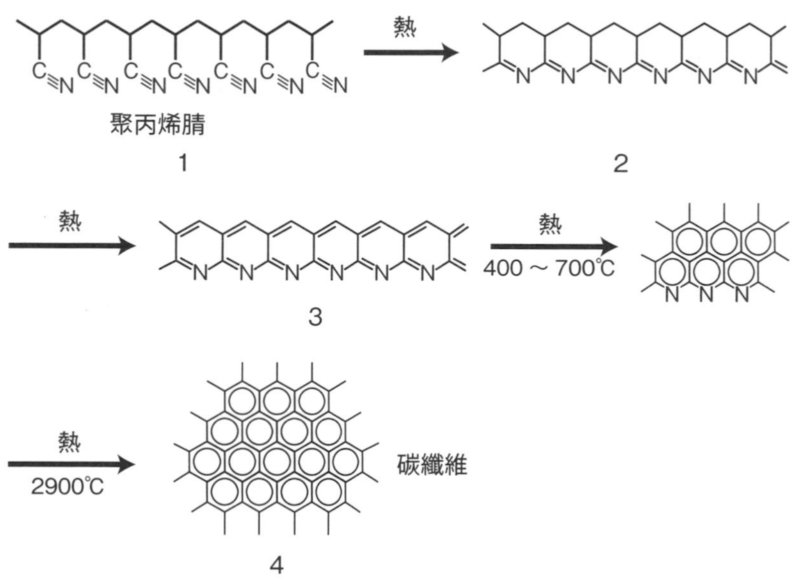

7-7

含碳或硼的高分子

奈米碳管是一種僅含碳的高分子。另外，也存在含硼B的高分子。

奈米碳管

奈米碳管的結構如右頁圖所示。由圖可以看出，奈米碳管就是捲成圓筒狀的單層PAN系碳纖維。奈米碳管不只是將膜捲起來而已，膜的交界處也要完全融合在一起，成為完整的圓筒狀才行，且奈米碳管的兩端通常是封閉的。

有些奈米碳管的粗圓筒內還包裹著較細的圓筒，就像同心圓般的結構。複雜的奈米碳管最多可以到7層同心圓。奈米碳管的直徑約為0.5～50nm，已知最長的奈米碳管可達2cm，是直徑的90萬倍。

奈米碳管的比重只有鋁的一半，強度卻是鋼鐵的20倍，是又輕又堅固的材料，性能相當優異，被認為是未來宇宙電梯纜線的候選材料。另外，也有人提出可以在奈米碳管的中空結構中塞入藥劑，然後送到患者患部直接投藥，稱為DDS（Drug Delivery System）投藥。另一方面，奈米碳管也擁有半導體的性質，可用於製作電子材料，應用範圍相當廣。

不過，因為奈米碳管的結構非常細，就像銳利的針一樣。若不慎吸入奈米碳管，可能會有間皮瘤的風險，就像吸入石綿一樣，需特別注意。

含硼高分子

某些高分子的主鏈上有硼原子B。

有機硼聚合物：有機硼聚合物指的是主鏈中含有硼原子的有機高分子。硼的活性很高，可以讓主鏈接上多種取代基、官能基。那些用傳統方法難以合成出來的有機高分子材料，可以改用有機硼合成出來。

聚環硼氮烷：這是由環硼氮烷聚合而成的高分子，環硼氮烷是一種含有硼B與氮N的6員環芳香族化合物。環硼氮烷不含碳，卻擁有芳香性，是一種倍受矚目的無機化合物。其聚合物也是許多研究的焦點，常被拿來與有機芳香族高分子比較。今後仍是熱門的研究對象。

奈米碳管

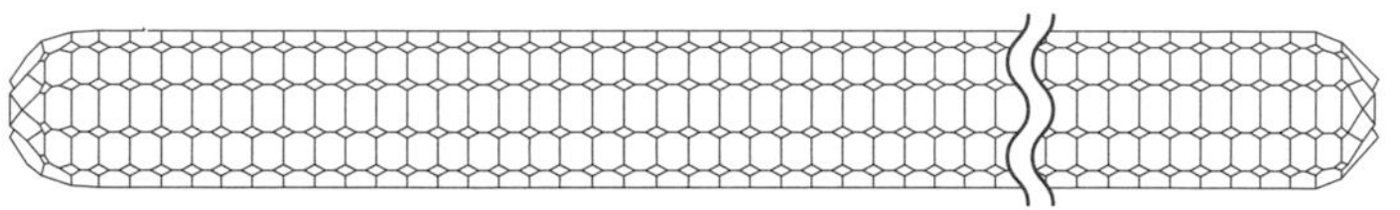

有機硼聚合物

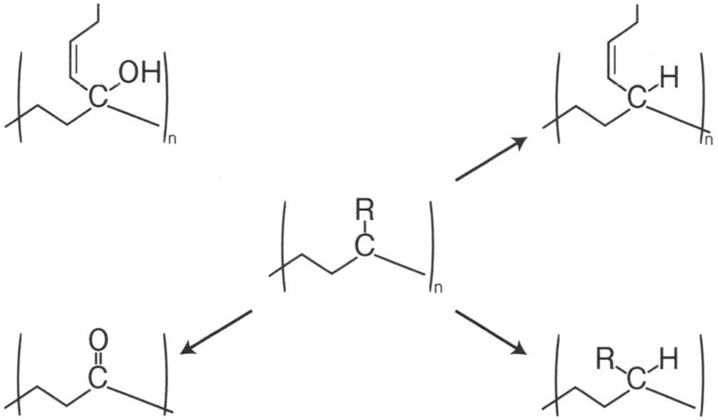

聚環硼氮烷的結構

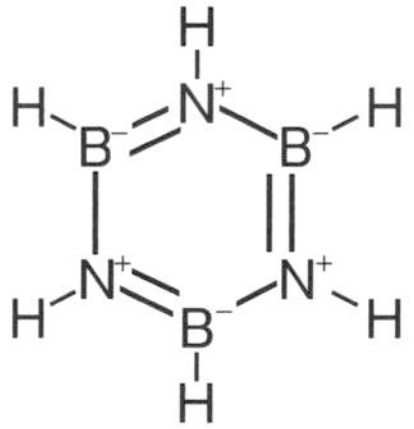

環硼氮烷

7-8
矽高分子的種類與性質

有些高分子並不屬於有機物，譬如前面提到的碳纖維就不屬於有機物。而以矽Si為骨架的矽氧樹脂，也是有機物之外的常見纖維之一。含矽Si的高分子可分為數種。

聚矽烷

主鏈僅含矽原子的高分子。耐熱性相當高，是相當優異的材料，也擁有很高的折射率與發光特性，光學性質特殊。聚矽烷乾燒後，可讓氫原子脫離，轉變成由碳化矽SiC構成的纖維，這是一種陶瓷纖維。它的耐熱性很強、可維持很高的機械強度，故可用於製作太空梭。

聚矽氧烷

矽原子與氧原子交互排列，也就是-Si-O-Si-O-…的鍵結方式，稱為矽氧鍵，或者叫做矽氧骨架，是多種高分子的骨架，譬如聚矽氧烷、矽利康等。一般提到矽氧樹脂的時候，指的就是這種聚矽氧烷。

聚矽氧烷相當柔軟且富有彈性，擁有很強的耐熱性、耐化學藥劑性以及耐磨耗性，有些產品的耐熱性超過400℃。不僅如此，聚矽氧烷的絕緣性也相當優異，故可用於電力相關的包覆材料。不過，聚矽氧烷的性質類似金屬氧化物（鹼性物質），所以不耐強酸，容易因酸而變質（白化、脆化）。

若Si-O單體在2千個以下，則聚矽氧烷呈液狀，也叫做矽油。矽油的磨擦係數很低，故可用做潤滑劑。若Si-O單體在5千～1萬個左右，性質類似橡膠，硫化後可製成矽氧橡膠，用於製作藥品瓶的瓶栓、醫療用手套、牙科治療用的牙齒鑄模材料，還可利用它的透氣性，製成人工心肺裝置的膜。

親水性凝膠與矽氧樹脂混合後可得到矽水凝膠。這種材料可以製成透氣度高的隱形眼鏡，以及整形外科、整形手術（豐胸等）所使用的充填劑等。

聚碳矽烷

主鏈中碳原子與矽原子交替出現，鍵結方式如-Si-C-的高分子。目前而言，較少直接當成高分子來使用，較常被當成碳化矽（SiC）膜的前驅物。若想在某個物體的表面塗上一層碳化矽薄膜，只要將這種高分子塗在該物體上，然後加熱至數百℃，就會轉變成碳化矽了。碳化矽也叫做金剛砂，硬度與耐熱性相當優異，擁有半導體性質，故也是製作電子元件的材料。

聚矽氮烷

主鏈中矽原子與氮原子交替出現，鍵結方式如-Si-N-的高分子。在大氣中燒結後會轉變成二氧化矽SiO_2，可製成二氧化矽塗層劑使用。

矽高分子的種類與特徵

$\left[\mathrm{Si(H)(R)-Si(H)(R)} \right]_n$

聚矽烷

$\left[\mathrm{Si(R)_2-O-Si(R)_2-O} \right]_n$

聚矽氧烷
（矽利康、矽氧樹脂）

$\left[\mathrm{Si(R)_2-C(R)_2} \right]_n$

聚碳矽烷

$\left[\mathrm{Si(R)_2-N(R)} \right]_n$

聚矽氮烷

7-9

複合材料的種類與性質

高分子是相當優秀的材料，不過與其他材料混合後，可以製成性能更高的材料。此時製造出來的就叫做複合材料。

複合材料的種類

複合材料的原料與產品相當多樣。鋼筋混凝土就是典型的複合材料。鐵可對抗拉伸，混凝土則可對抗壓縮，兩者優點彼此互補，是相當優秀的建築材料。

所謂的複合材料，是由2種截然不同的材料組合而成的材料。層合膜（laminate film）就是其中一例。將氧氣可通過，但水蒸氣無法通過的膜；以及水蒸氣可通過，但氧氣無法通過的膜貼合在一起，就可以得到氧氣與水蒸氣都無法通過的膜了。

玻璃纖維也是很好的例子。這是將玻璃拉長成纖維狀的細絲，然後編織成織物，再浸潤於熱固性聚合物的原料中，加熱後得到的複合材料。一般而言，我們會將玻璃纖維稱為纖維，將固定住玻璃纖維的媒介稱為基質。纖維有很多種，可以是玻璃、金屬絲、碳纖維等。基質多為熱固性聚合物中的酚醛樹脂，也可以使用尼龍、聚苯等熱塑性聚合物。

複合材料的性質

複合材料的強度，由纖維高分子、基質高分子的性質決定。右頁表中列出了以環氧樹脂（熱固性聚合物）做為基質時，各種纖維高分子製成之複合材料的拉伸強度。由表可以看出，若纖維部分與基質部分的性質不同，複合材料的強度就愈強。

表中，玻璃纖維經高分子補強後，強度變為1.4倍；而鋁的纖維強度則可增加到27倍。由此可以看出，雖然某些高分子本身就有很好的表現，不過與異質材料組合後，可以發揮出更優異的性能。

複合材料的種類

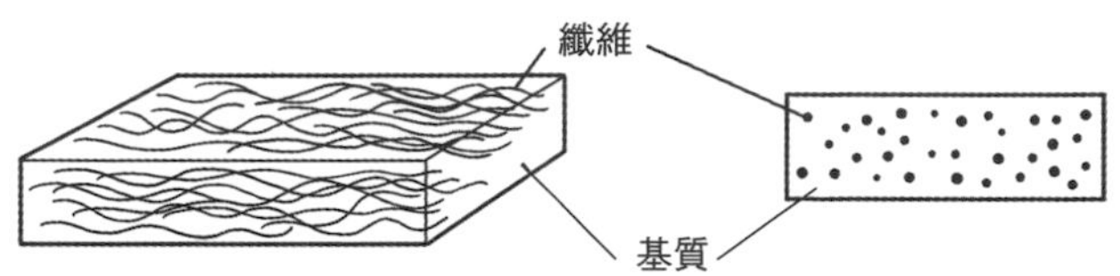

纖維部分	玻璃纖維、硼纖維、醯胺纖維、金屬纖維、碳纖維、高強度聚乙烯
基質部分	環氧樹脂、酚醛樹脂、尼龍、聚苯硫醚、聚醚碸、聚醯亞胺

複合材料的性質

		玻璃纖維	碳纖維	醯胺纖維	高強度聚乙烯	Al_2O_3纖維
拉伸強度 GPa	單體	2.7	3.5	3.6	2.5	2.5
	複合材料	3.9	49	29	7.9	67

※基質：環氧樹脂

塑膠的障壁性

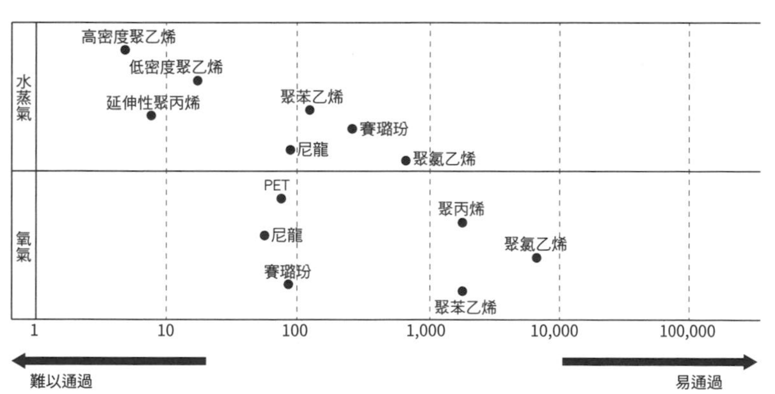

7-10

醫用高分子的種類與性質

醫療器材、生體組織取代物中，高分子都是不可或缺的材料。生體組織取代物包括人工血管、人工骨骼等使用於生物體內部的材料，以及假牙、義眼等使用於生物體外部的材料，兩者對材料的要求並不相同。

生物適應性

若要用某種材料的製品取代人體組織，那麼該材料最需要的性質是「生物適應性」，也可以說是「不會危害到生物體組織」的性質。生物體內具備自我防衛系統、免疫系統，以應對外界各種異物。若身體認為埋入體內的生體材料是異物，就會啟動發炎反應等防禦機制，造成周邊組織受損。

因此生體材料必須有以下特徵。

· 化學活性低
· 無毒
· 不會在生物體內分解、劣化
· 成分不易溶解出來
· 吸附性低（不會將體內物質吸附到材料上）
· 適當的柔軟性
· 無抗原性

另外，為了避免細菌感染，材料需經殺菌處理，故該材料需對藥劑及加熱處理有耐受性。

醫療用的高分子

近年來，為了預防細菌感染，一般會盡可能使用拋棄式的醫療用品。譬如手套、口罩、衣服、針筒等。這時自然而然就會考慮使用廉價、可大量生產的塑膠製品。

因為大量生產、大量使用、大量拋棄，使全世界的塑膠瞬間暴增，對環境造成了很大的負擔，然而對醫療領域而言，也是沒辦法的事，只能將廢棄塑膠在高溫下燒毀。

目前在醫療領域中使用最多的醫用高分子是軟性聚氯乙烯，譬如血袋、體外循環用血液迴路等，主要運用在生物體外的暫時性醫療目的。

另一方面，長期包埋在生物體內的材質則包括聚甲基丙烯酸甲酯（隱形眼鏡、牙醫用樹脂等）、矽氧樹脂中的聚二甲基矽氧烷（人造乳房、人造指關節、人造瓣膜等）、含氟樹脂中的聚四氟乙烯（鐵氟龍）（人工血管、人工韌帶等）等等。

主要的醫療用生物材料

用途	材料
拋棄式導管	聚氯乙烯、矽氧橡膠、天然橡膠、聚胺酯、聚乙烯等
人工血管	PET、PTFE（鐵氟龍）
非吸收性縫線	尼龍（可能造成發炎）、PET、聚丙烯、聚乙烯、絹絲（不推薦）等
吸收性縫線 （參考P.217）	聚乙醇酸、聚乙醇酸乳酸、聚對二氧環己酮、聚三亞甲基碳酸酯等
葉克膜 （膜型人工肺氣體交換膜）	聚丙烯（多孔膜、多孔中空絲線）、矽氧橡膠等
透析膜	纖維素、醋酸纖維素、聚丙烯腈（PAN）、聚甲基丙烯酸甲酯（PMMA、一種壓克力樹脂）等
人工水晶體	PMMA等

7-11

化妝用高分子的種類與性質

高分子在化妝品領域也相當活躍。其中又以質地柔軟的聚合物特別顯眼。

直接塗在皮膚上的化妝品

皮膚會分泌混有水與脂肪等成分的皮脂。因此，若希望化妝品融入皮膚，發揮其功效，化妝品就必須具備「可溶於水中，也可溶於油中」的性質。此外，化妝品也必須具備「即使長時間塗抹在臉上，也不傷皮膚，不會因皮脂或汗液而崩落」的特性。

化妝品中的成分如右頁表所示。

一般的塑膠多難溶於水，這類塑膠在化妝品中可製成維持形狀的「膜形成劑」。頭髮定型液中也常含有這類成分。

「膜形成劑」也常活躍於防水衣物、防曬乳、不掉色口紅等抑制化妝品脫落的產品中。

此外，睫毛膏之類，以維持形狀為目的的產品，會使用不溶於水也不溶於油，且質地柔軟的矽氧樹脂聚合物作為膜形成劑。

透明又能維持形狀的高分子

某些高分子可溶於水，其中，聚乙二醇（PEG）就是代表性的水溶性高分子，可做為化妝品的保濕成分（需可溶於水，且擁有吸水性），保留角質內的水分。

水溶性高分子可溶於水中，也可溶於油中，所以長時間塗抹在皮膚上時，會因為汗液或皮脂的分泌，造成化妝品脫落，使臉部變得凹凸不平，出現深一塊淺一塊的斑點。

有時候會看到PEG-○○之類的化妝品成分標示，譬如PEG-20，這是界面活性劑或乳化劑。若要將難溶於水也難溶於油的矽油，與易溶於水的PEG或其他成分混合乳化，製成化妝品，就需要親水也親油的界面活性劑。另外，為了讓化妝品在長時間靜置下也不會油水分離，需要添加乳化劑。此時，就會用到與內容物相同成分的PEG以及二甲基矽氧烷（dimethicone）鍵結而成的PEG-10二甲基矽氧烷之類的物質。

化妝用高分子的種類與性質

	用途	主要內含聚合物
水溶性保濕成分	保持皮膚表面角質層的水分（成分包括胺基酸、醣類、多元醇等）	PEG（聚乙二醇）、聚四級銨鹽類（陽離子化羥乙基纖維素）等
油性成分（保濕霜成分）	防止角質層的水分蒸發（成分包括來自動物、植物的油，提煉自石油的油等）	聚二甲基矽氧烷、氫化聚異丁烯（液狀石蠟：使保濕的防曬乳溶解矽油成分的物質）等
界面活性劑	混合水與油（乳化成分），使皮膚上的汙垢脫落（清潔成分）	界面活性劑類的聚合物主要用作乳化劑，如PEG-二甲基矽氧烷類（PEG-10二甲基矽氧烷、二甲基矽氧烷(PEG-10/15)交叉鏈接聚合物等） ※清潔成分則包括十二烷基硫酸鈉等陰離子性的物質。陽離子性分子主要用於防靜電劑、殺菌劑等
膜形成劑	形成化妝膜，維持形狀	丙烯酸酯共聚物、（苯乙烯／丙烯酸酯）共聚物、（二甲基矽氧烷／甲基矽氧烷）共聚物等
其他	有特殊功能的成分（美白、改善皮膚狀況、抗紫外線等）、穩定化成分（凝膠化、乳化等）、防腐劑、殺菌劑、塑化劑、顏料成分等	羥乙基纖維素（水性增黏劑）、聚四級銨鹽類（改善起泡情況、調整觸感、防靜電等）、（乙烯／丙烯）共聚物（油性增黏劑）

MEMO

第 8 章

功能性高分子的種類與性質

高分子種類繁多，除了像聚乙烯這種可用於製作容器的高分子之外，現今產業界也開發出了各種有特殊功能的功能性高分子，包括尿布中可以吸收大量水分的高分子、可導電的高分子、可過濾海水得到淡水的高分子等等。

8-1

高吸水性高分子

一般高分子常被當成塑造特定形狀之器物的材料。這些高分子產品擁有機械強度與耐熱性等特色，但通常不會顯現出單體分子的特性。不過，某些擁有特殊功能的高分子則非如此，它們叫做功能性高分子。譬如，高吸水性高分子就能吸收大量水分，並保留住這些水分。

高吸水性高分子的結構

天然高分子（纖維素）如紙、布等也會吸水。不過它們的吸水行為來自毛細現象，吸水原動力為纖維素及水分子之間的分子間力（氫鍵），吸收的水量頂多只有自身重量的數倍。高吸水性的高分子則可吸收重量是自身1000倍左右的水，並保留住這些水分。

高吸水性分子為三維網狀結構。這種塑膠吸收水分時，水分子會進入網狀結構中，並保留在網狀結構中不漏出。這就是塑膠保留住水的原動力。

不過，這種塑膠厲害的地方還不僅於此。它的主鏈有許多羧基鈉鹽，即-COONa原子團。吸收水後，-COONa原子團會分解成$-COO^-$離子與Na^+離子。於是，主鏈上的$-COO^-$離子團會因為靜電而互相排斥，使網狀結構膨脹，可以吸收更多水分。

沙漠綠化

除了用於製作紙尿布、生理用品之外，高吸水性高分子還可用於沙漠綠化。將這種塑膠埋在沙漠內，讓它吸飽水分，然後將植物種在上面。因為這種塑膠會保持水分，故可拉長灌溉間隔，使植物的維持管理變得方便許多。另外，這種塑膠也可以保留住突然降下的雨水，因此可延緩植物的水分消耗。

近年來，因為酸雨及人口增加，使森林砍伐問題日趨嚴重，地球上的綠地逐漸減少、沙漠化地區逐漸擴大。雖然難以分解的塑膠可能會汙染環境，不過這裡介紹的高吸水性塑膠，證明了塑膠也能為改善環境做出貢獻。

高吸水性高分子的結構

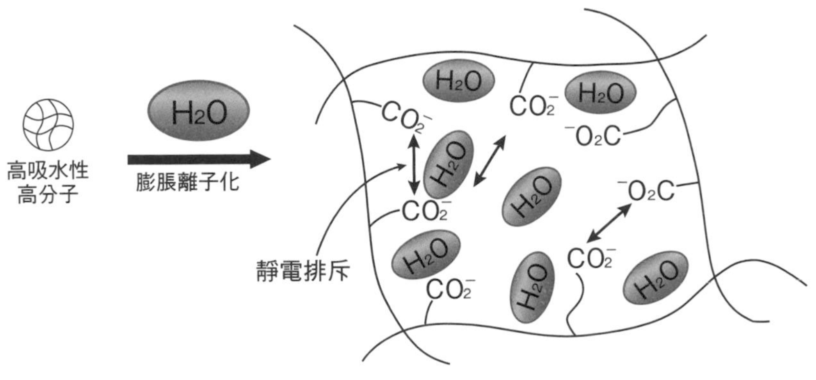

用於改善環境的高吸水性高分子

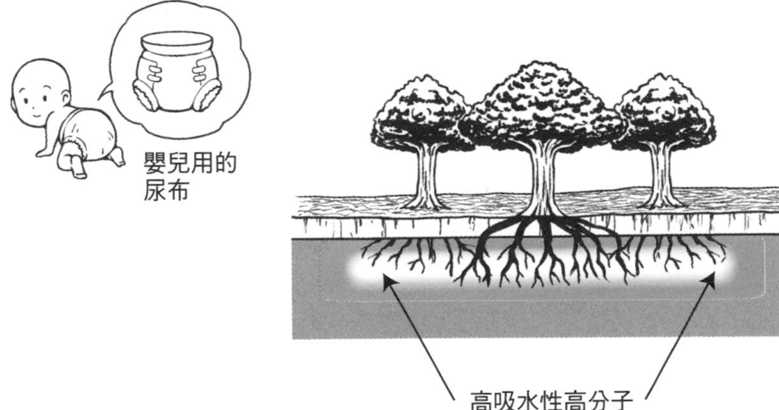

8-2

水溶性高分子

一般而言，有機物中分子量很大的高分子通常不會溶於水中。但如果加上大量親水性取代基，就可以讓它轉變成水溶性，這種高分子稱為水溶性高分子，常用於化妝品等領域。

水溶性高分子的例子

人類使用水溶性天然高分子的歷史相當悠久。明膠等動物性蛋白質，以及黃豆的豆汁、果醬的果膠、海藻酸、鹿角菜等植物性蛋白質，現在仍用於製作接著劑、塗料、墨水、紙張加工、纖維處理劑等，應用於工業領域。

過去人們主要用天然高分子來製造這些產品，不過從供給能力、品質穩定性、微生物汙染的觀點看來，最近逐漸改用半合成高分子或合成高分子。其中，合成高分子的比例逐漸擴大。

以合成水溶性高分子為例，右頁圖中列出了幾個我們熟悉的分子。這些都是聚乙烯衍生物，含有水溶性的羥基、羧基等取代基。

功能

水溶性高分子為分子量大，且溶於水的分子。溶於水時，分子周圍會形成許多含水凝膠，使水溶液的黏度明顯增加。

增黏・凝膠化

溶液類產品需調整黏度。譬如乳液、粉底液等基劑需增加黏度，防止乳化粒子或粉末彼此分離，在夏季與冬季都保持相同等級的使用感。

乳化・分散穩定化

肌膚保養品與化妝品使用的基劑黏度較低，溶液中的乳化粒子與分散粒子容易彼此分離。水溶液高分子的功能就是將這些乳化粒子、顏料分散粒子連接起來，使系統穩定化。

乳化系高分子可附著在油水介面上，形成吸著層，防止油滴融合，以保護油滴，穩定水溶液。分散系高分子則會吸附在顏料等膠體粒子的表面上，將其包裹住，使其分散在溶液各處。

泡沫穩定化

洗髮精是一種洗淨劑。為了讓洗髮精在使用時不會沿著臉部流下，需使其產生穩定而密集的泡沫。水溶性高分子可表現出這種泡沫穩定性效果。

水溶性高分子的例子

聚乙烯醇

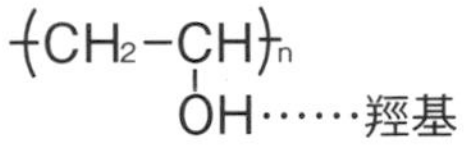

$-\!\!(CH_2-\underset{\displaystyle OH}{CH})\!\!-_n$ ……羥基

聚乙烯吡咯烷酮

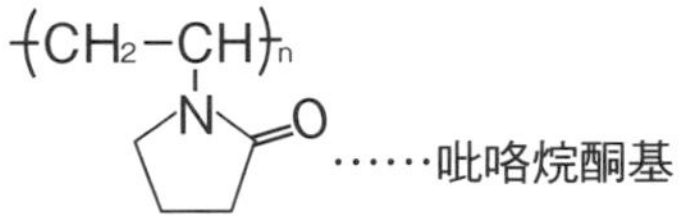

$-\!\!(CH_2-CH)\!\!-_n$（N 連接五員環，環上 C=O）……吡咯烷酮基

聚丙烯酸

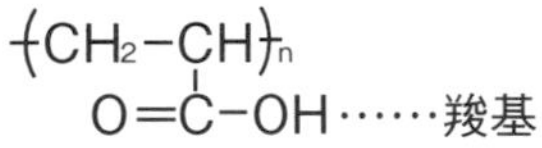

$-\!\!(CH_2-CH)\!\!-_n$，$O=C-OH$ ……羧基

羧基乙烯聚合物：聚丙烯酸的等價物

8-3

離子交換高分子

可將某種陽離子A^+轉換（交換）成另一種陽離子B^+的高分子，稱為陽離子交換高分子。同樣的，可將某種陰離子C^-轉換（交換）成另一種陰離子D^-的高分子，稱為陰離子交換高分子。

離子交換高分子的運作機制

陽離子交換高分子可將任意陽離子，譬如鈉離子Na^+或其他陽離子，換成氫陽離子H^+。

高分子並不是將Na原子直接轉變成H原子。化學反應無法將某種元素直接轉變成另一種元素。陽離子交換高分子會預先在內部準備許多H^+，當Na^+靠近時，高分子會捕捉這些Na^+，然後釋出H^+。這樣就可以將溶液中的Na^+換成H^+了。

陰離子交換高分子也一樣，在內部預先準備氫氧根陰離子OH^-，當氯離子Cl^-靠近時，高分子會捕捉這些Cl^-，然後釋出OH^-。如此一來，溶液中的Cl^-就會漸漸被OH^-取代。

離子交換高分子的用途

如右頁圖所示，在容器內填入可將陽離子換成H^+的陽離子交換高分子，以及可將陰離子換成OH^-的陰離子交換分子。接著將含有Na^+與Cl^-的水，也就是鹽水、海水注入後，會發生什麼事呢？

水中的Na^+通過陽離子交換高分子後，會釋出H^+；Cl^-通過陰離子交換高分子後，會釋出OH^-。這表示，Na^+Cl^-也就是氯化鈉或食鹽，會被交換成H^+OH^-，也就是水H_2O。換言之，鹽水會轉變成淡水。

這個過程不需要其他動力或機械操作。只要將海水倒入填有2種離子交換高分子的管柱，下方就會流出淡水。如果救生艇上有備有這種管柱的話，想必能讓人放心不少。

不過，這種裝置淡化海水的能力有限。當高分子內儲備的離子H^+、OH^-用光後，就無法繼續使用了。不過，這並不代表離子交換高分子的壽命到此為止。只要讓HCl水溶液流過陰離子交換樹脂，讓NaOH水溶液流過陽離子交換樹脂，各個高分子就會恢復原本的狀態，可以重複使用。

離子交換高分子的運作機制

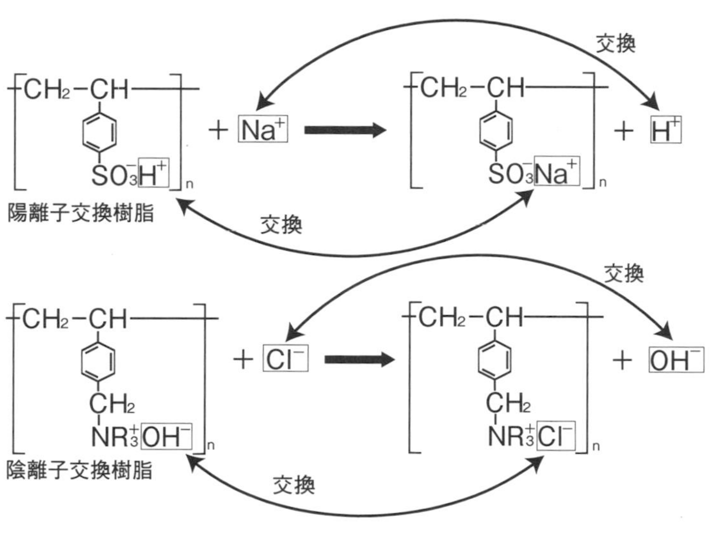

離子交換高分子的用途

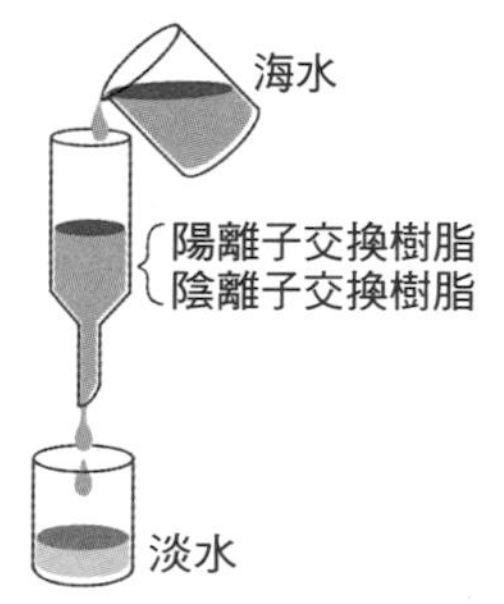

8-4

螯合物高分子

陽離子交換高分子可捕捉溶液中的金屬離子（前例中的Na^{+}）。這種可捕捉、回收溶液中金屬離子的高分子，多屬於螯合物高分子。若善用這類高分子，那麼從海水中回收溶於其中的金或鈾等金屬，也非不可能的任務。

螯合作用

某些擁有專一性離子性取代基的分子，能與水溶液中的金屬離子形成強固的鍵結，這種現象就叫做螯合作用（chelation）。與金屬鍵結的取代基叫做配位子，2個配位子與金屬離子鍵結的樣子，就像螃蟹用螯夾住（螯合住）東西一樣，故以拉丁語中螃蟹的螯（Chela）命名之。

這種擁有可螯合住金屬離子之取代基（配位子）的高分子，稱為螯合物高分子。而擁有螯合作用的離子交換取代基，通常會固定在多孔性高分子（直徑約0.3～1.4mm的球狀粒子，常稱為beads）的母材上，形成「螯合物樹脂」。

螯合物樹脂的最大特徵，在於能與特定金屬離子產生很強的鍵結，形成化合物。以配位子捕捉金屬離子後，可改變溶液的pH值。若水溶液性質沒有改變，那麼被捕捉的金屬離子就不會離開螯合物樹脂。

改變配位子的種類，或者是溶液pH，便能從溶有數種金屬離子的溶液中，選擇性地抓出特定金屬離子。

而且，即使金屬離子的濃度低到只有數ppm，且溶在飽和食鹽水內，濃度相差非常大，螯合物樹脂也不會被食鹽影響，可以穩定抓出微量的金屬離子。

螯合物高分子的用途

螯合物高分子捕捉到金屬離子後，與陽離子交換分子類似，只要讓鹽酸HCl或硫酸H_2SO_4等強酸溶液通過高分子，就可以將金屬離子溶出來了。

可高專一性地與特定金屬離子鍵結、鍵結後就不再放開，且用強酸洗過後就能再度利用，這些特徵讓螯合物高分子可應用在許多領域。

這種高分子可以去除廢水中的汞等有害金屬，使廢水無害化，故廢水處理過程的最後一個步驟可以用螯合物樹脂淨化廢水。另外，廢棄物經處理後產生的廢水，常含有微量的高價值貴金屬與稀土金屬，我們可以透過螯合物樹脂回收這些金屬資源，再度利用。

螯合物作用

M^+

酸

配位子

螯合物

螯合物高分子的用途

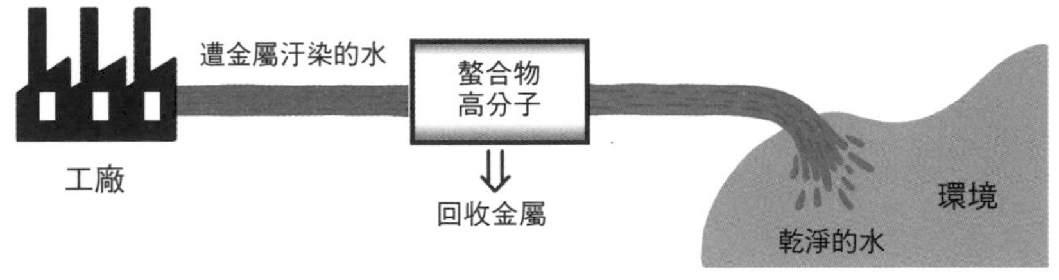

8-5
導電性高分子

過去人們認為，有機物都是無法導電的絕緣體。不過，現在工程師們已開發出了數種可導電的有機物，甚至有些還擁有超導性質。

聚乙炔

聚乙炔是由擁有三鍵的化合物——乙炔聚合而成的高分子。發現聚乙炔擁有導電性的白川博士，獲得了2000年的諾貝爾化學獎。

聚乙炔分子內，單鍵與雙鍵交替排列，連成一條長鏈。這種鍵結方式一般稱為共軛雙鍵。共軛雙鍵內的電子擁有相當高的自由度，可在鍵結內自由移動。也就是說，聚乙炔的鍵結電子可以從分子的一端移動到另一端，就和金屬的自由電子一樣。

因此，當初人們猜測聚乙炔可能和金屬一樣擁有導電性。然而實際合成出聚乙炔後，卻發現它是不能導電的絕緣體。

摻雜

白川博士摻入了少量的碘分子I_2，成功讓電流通過原本不能導電的聚乙炔。這種做為添加物加入的物質，一般稱為摻雜劑（dopant），而加入摻雜劑的操作，則稱為摻雜（doping）。聚乙炔摻雜碘之後，會產生導電性。不僅如此，這樣的聚乙炔還擁有相當於金屬的導電性，可以說是相當劇烈的變化。

研究後發現，聚乙炔之所以是絕緣體，是因為共軛雙鍵內的電子過多，就像如果高速公路上的汽車太多時也會塞車一樣。

若要排除塞車情況，只要減少汽車量就可以了，聚乙炔中負責這件事的就是碘分子。碘可搶走電子，轉變成碘離子I^-。因此，聚乙炔共軛雙鍵中的電子會被碘吸走一部分，電子數變少之後，電子就可以在聚乙炔內移動了。

利用這種原理，可以開發出多種導電性高分子。導電性高分子在ATM的觸控螢幕，以及OLED的軟性電極等裝置中，是不可或缺的材料。

聚乙炔的化學式

$$\underset{\text{乙炔}}{H-C\equiv C-H} \longrightarrow \underset{\text{聚乙炔}}{-\!\!(CH=CH-CH=CH)\!\!-_n}$$

摻雜機制

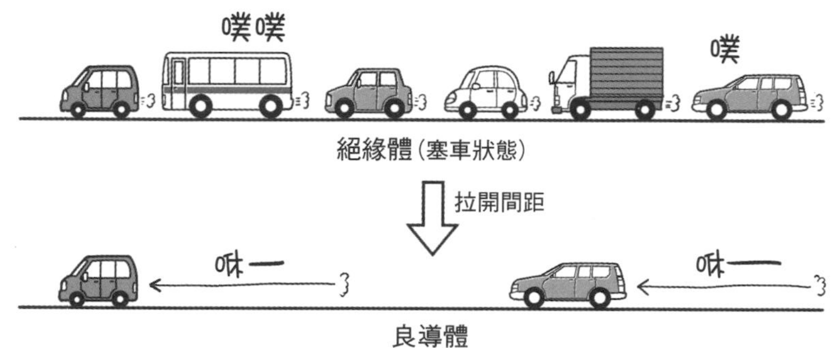

導電性高分子的種類

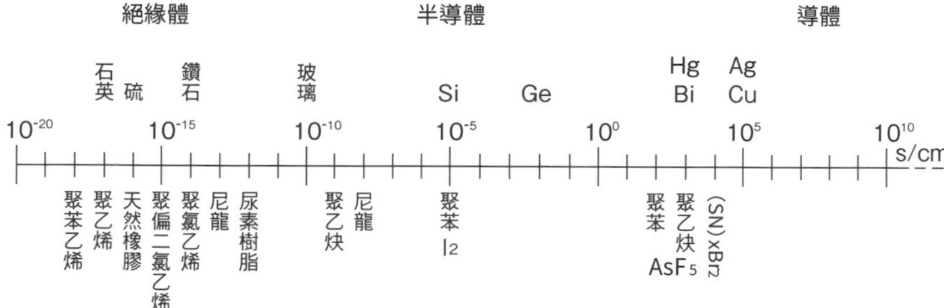

8-6

照光後可發電的高分子（太陽能電池）

高分子不僅可以製成良導體，也可以製成半導體。半導體可應用在現代科學的許多領域，太陽能電池也是其中之一。

太陽能電池的發電原理

一般太陽能電池由矽半導體製程。在矽中摻雜少量雜質，可製成電子過多的n型半導體，或是電子過少的p型半導體。

太陽能電池會在金屬電極上方，依序疊上p型半導體、極薄的n型半導體、透明電極。陽光可穿過透明電極與極薄的n型半導體，抵達2個半導體的交界面，即pn接面。

此時，pn接面的電子可獲得光能，並從n型半導體穿出，然後從透明電極經由從外部電路抵達金屬電極，再通過p型半導體回到原位。若外部電路上有個燈泡，那麼電子就可以將能量傳遞給燈泡，點亮燈泡。

有機太陽能電池

用如此簡單的裝置，就能以高效率產生電力，既然如此，太陽能電池都改用矽半導體就好了不是嗎？但事情並沒有那麼簡單。

問題在於矽的價格相當昂貴。矽是地殼中含量僅次於氧的元素，不會發生資源耗竭的情況。不過，太陽能電池對於矽純度的要求相當高，需要7個9，也就是99.99999%的純度。這種矽的價格非常高，當然太陽能電池的價格也會跟著抬高。

於是，有機太陽能電池開始受到矚目。有機太陽能電池的主體是有機物。既有的化學工廠便足以製造這些有機物，不需再換成複雜的新設備。而且，有機太陽能電池擁有其他無機太陽能電池的長處，那就是輕薄柔軟。未來要做出塑膠般的太陽能電池已不是夢想。

有機太陽能電池有2種。其中，有機薄膜太陽能電池會運用到高分子。它的結構非常單純，僅在金屬電極之上，依序塗上p型半導體的有機物、n型半導體的有機物，再放上透明電極就完成了。而這種p型半導體為高分子製。

有機半導體的發電效率目前還比不上矽製太陽能電池。不過，考慮到它的優點，有機太陽能電池的CP值應該比較高。或許不久後就會出現像膜般輕薄的塑膠太陽能電池。

太陽能電池的發電原理

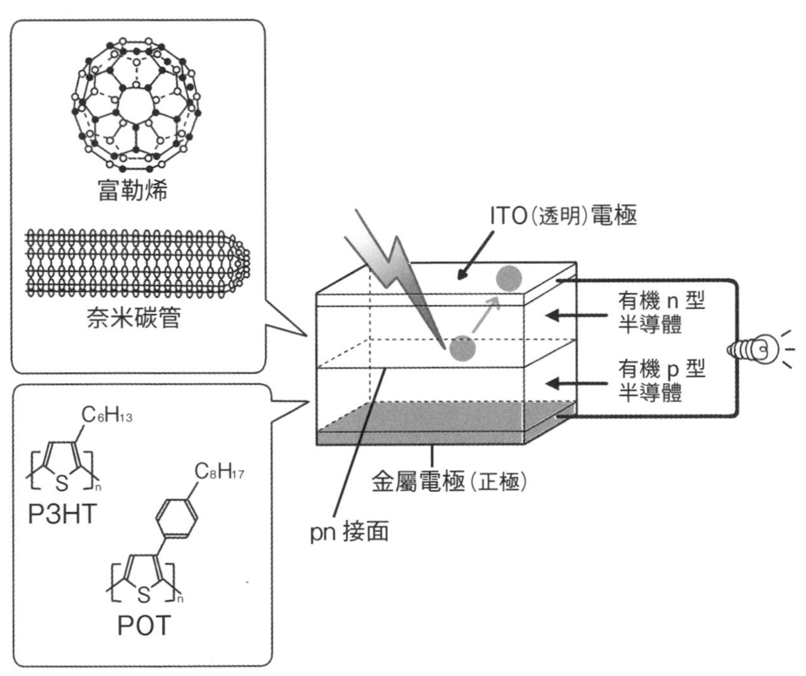

8-7

通電後可發光的高分子（有機EL）

在通電後會發光的高分子，就稱為發光性高分子。過去薄型電視市場中，由液晶電視與電漿電視稱霸，不過近年來，OLED電視異軍突起。這種OLED電視使用的就是發光性高分子——有機EL。

有機EL是什麼？

EL是Electro Luminescence的縮寫，即由電產生螢光的意思。EL原本專指發光二極體，一開始開發出來的都是無機EL。目前我們使用的紅綠燈、家庭的省電燈泡等，多由發光二極體製成。

有機EL就是有機化的EL元件，OLED電視就是將這種技術應用在電視螢幕上的產品。國外廠商已積極使用有機EL製作手機螢幕，不過目前使用有機EL的日本廠商並不多。

有機EL的原理與日光燈幾乎相同。當低能量狀態（基態）的有機物獲得能量ΔE時，會躍遷到能量較高的狀態（激發態）。然而，激發態相當不穩定，故會馬上釋放出先前獲得的能量ΔE，回到基態。

這一連串的能量移動中，如果有機物獲得的能量形式為電能，再以光能的形式釋放出能量，就是所謂的電致發光，也是有機EL的發光方式。

發光塑膠

問題在於，它釋放出來的能量不一定是光能。或者說，其實釋出的能量多是熱能。釋出能量是熱還是光，取決於分子結構。電子雲的形狀、分子骨架的堅固程度、與其它分子間的分子間力等因素的微妙差異，都會影響到釋出能量的形式。

因此，要從理論預測全新分子會釋出什麼形式的能量，是一件相當困難的事。所以在設計分子時，通常會以已知的發光分子為基礎，嘗試設計它的衍生物。

下圖為可發光的高分子。有機化合物的合成已相當進步，只要有想合成的分子，且該分子在理論上是穩定的分子，那麼幾乎都合成得出來。因此，我們可以透過調整分子骨架，控制光的顏色。下圖列出的紅、藍、綠為光的三原色，用這3種色光便可組合出各種顏色的光。

有機EL的原理

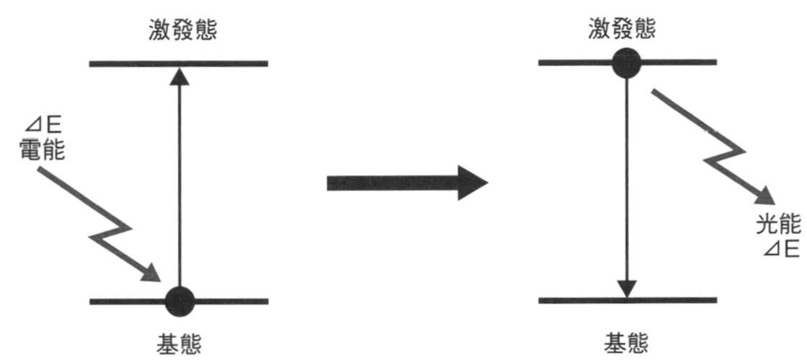

發光的高分子

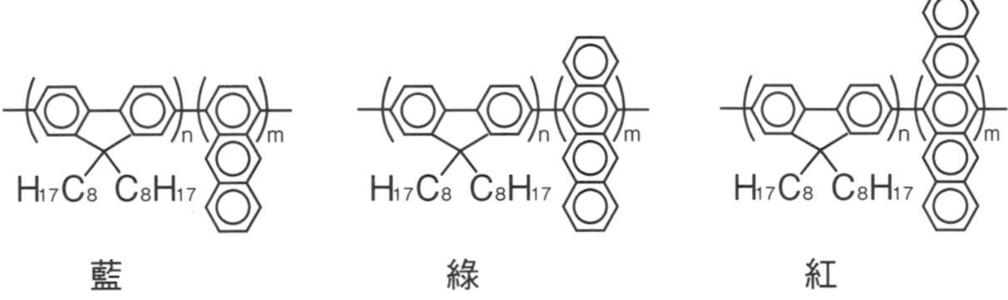

8-8 通電後可發出聲音的高分子（壓電性質）

對高分子施加電壓，使分子的電場方向趨於一致，可製成壓電元件。這種高分子可以像電池般產生電力，也可製成揚聲器等發音元件。

壓電元件的製作

水分子的氧元素帶有負電，氫原子帶有正電。這種帶有電荷的分子相當多，一般會稱其為極性分子或是離子性分子。分子帶有極性的原因很多，最常見的原因與水類似，就是原子會吸引電子或放出電子。

碳與氧結合成C=O鍵（羰基）後，氧會帶負電，碳會帶正電，故羰基有極性。如同前面篇幅介紹的，許多高分子擁有羰基。

將這種高分子製作成薄膜，加熱使其軟化，再對薄膜施加電壓，那麼高分子就會依電壓方向排列。將這個階段的薄膜冷卻後，分子極性方向便會趨於一致，這就是所謂的壓電元件。

壓電元件的應用

施加壓力使壓電元件變形時，壓力產生的「應變能」會使元件產生「電伸縮」。當這個能量消失時，就會產生電流。測定電流強度，就可以為材料的應變能定量。

相對的，對壓電元件施加電流，會讓分子極性方向出現變化，進而產生力，這會造成膜的振動。揚聲器內的鼓紙就是應用了這個原理。鼓紙振動時，就會產生聲音。

壓電元件的製作

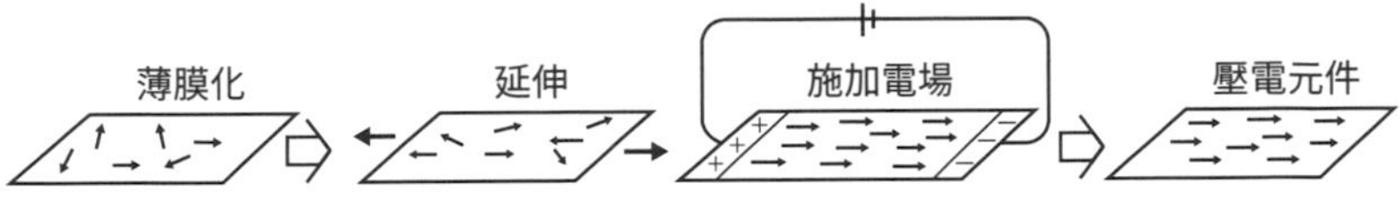

塑造薄膜時施加電場，使偶極矩的方向趨於一致

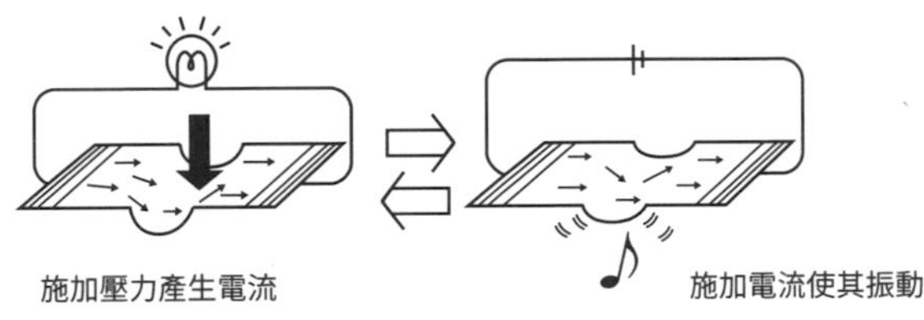

介電損失

　　假設我們用極性很強的高分子來製作電線包覆材料。通以電流時，高分子的方向會隨著電流改變。如果這個電流是交流電，1秒會改變50次或60次方向，高分子也會跟著改變方向。此時高分子的分子振盪會產生熱，造成輸電系統的電力損失。

　　不過，這個性質也可用於製作高分子的薄膜電容。由此可以看出，高分子擁有多種不同的性質，分別有著不同用途。

▼介電損失的機制

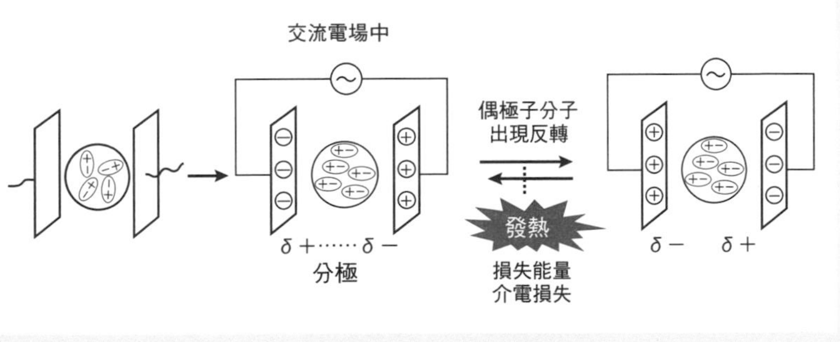

8-9

照光後會硬化的高分子（光固化聚合物）

若用紫外線照射液狀的光固化聚合物，就會硬化成固狀。牙醫與印刷廠常會用到光固化聚合物。

製造照光後固化的熱固性聚合物

以紫外線照射擁有雙鍵的高分子，可使2條相鄰高分子鏈上的雙鍵各自打開，形成4員環結構。這表示，2條高分子鏈在這個位置形成了交叉鏈結結構。

若高分子內有許多地方的雙鍵產生這種反應，高分子鏈的這些地方就會連接在一起，使整個分子團形成網狀結構。這種結構與熱固性聚合物的三維網狀結構相同。也就是說，原本是液狀的熱塑性聚合物，照過紫外線後就可以固定形狀，絕不會再度軟化、變形，變身成熱固性聚合物，就像液體變成石頭一樣。

用途

光固化聚合物的一大用途，是牙醫的齲齒治療。先削去部分齲齒，使其開一個洞，接著將液狀光固化高分子注入這個洞。因為是液狀，故可填滿整個孔洞。然後用紫外線照射，高分子就會維持原本的形狀固化，完全填滿整個孔洞，只要治療一次就可完成。

印刷領域也會用到光固化聚合物。將膠狀的光固化高分子放在金屬基板上，然後將照片的負片置於其上。因為是負片，原本是黑色的部分呈透明狀，原本是白色的部分則呈黑色。

接著用光照射。光只會穿過負片的透明部分，故只有其下方的光固化高分子會硬化。然後用溶劑清洗，只有硬化的部分會保留下來，其餘部分則會被洗掉。

這種狀態與印刷的活字相同。接著只要在其表面塗布墨水、印刷，那麼負片的透明部分，也就是正片（照片）的黑色部分就會印成黑色，這樣就可以印出照片了。這種方法叫做光阻法，是印刷業界經常使用的方法。

製作光照後會硬化的熱固性聚合物

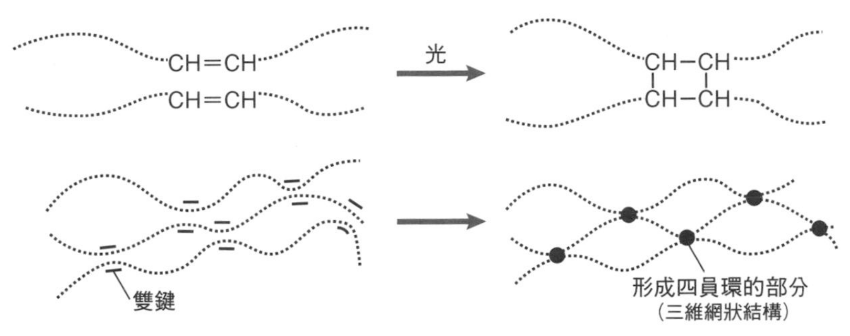

光固化聚合物在印刷領域的應用

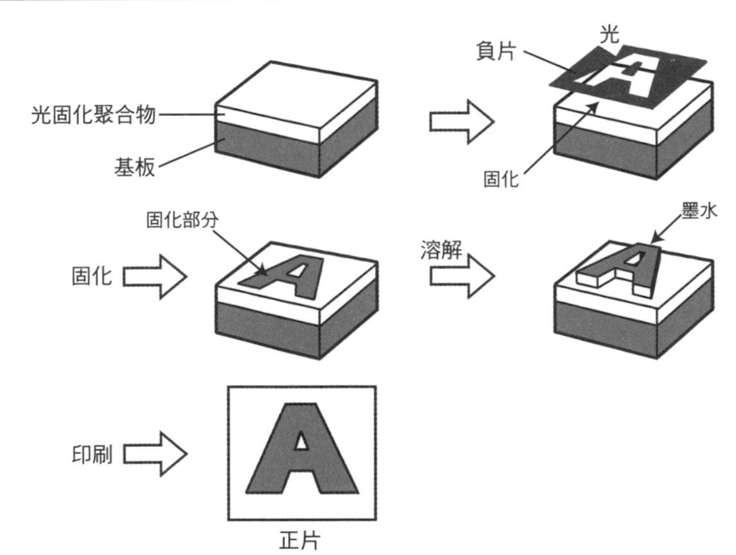

8-10

形狀記憶高分子

記得自己原本的形狀，並能於加熱後恢復原本形狀的高分子，就稱為形狀記憶高分子。舉例來說，圓形塑膠平板經吹風機加熱後，會自己變形成塑膠湯盤，這就是一種形狀記憶高分子產品。

形狀記憶

上例中，圓形塑膠平板在加熱後變形成塑膠湯盤，這並非偶然。其實這種塑膠平板就是由塑膠湯盤變來的，只是我們把它強行壓扁成平板而已，並不是塑膠平板自己想變成湯盤。雖然塑膠平板很硬，無法任意變形，不過加熱後就會軟化，並想起自己過去的樣子，變回原本的形狀。

也就是說，這種塑膠平板擁有過去形狀的記憶，這種高分子材料就叫做形狀記憶高分子。

形狀記憶機制

形狀記憶高分子之所以能夠記憶形狀，關鍵在於它的三維網狀結構。不過，這種網狀結構並不像熱固性聚合物那樣堅硬不可動搖。它的形狀記憶機制如下。

①首先，用網狀結構較鬆散的高分子製作塑膠湯盤。此時高分子會記得塑膠湯盤的形狀。

②接著加熱這個塑膠湯盤使其軟化。

③把塑膠湯盤壓成圓形平板，待其冷卻。冷卻後的高分子相當硬，並會維持平板的形狀固定。不過，這種狀態下的高分子只是被強行壓成平板狀而已。

④加熱這個圓形平板，可使其軟化。如此一來，高分子便會慢慢地恢復成原本的湯盤狀。

形狀記憶高分子有許多用途。譬如，保持胸罩罩杯形狀的邊緣材料，就是用這種形狀記憶高分子製成。胸罩經洗濯後會變形，不過穿回身上後，就會因體溫而恢復材料原本的形狀，也就是美麗的圓形。

形狀記憶高分子的機制

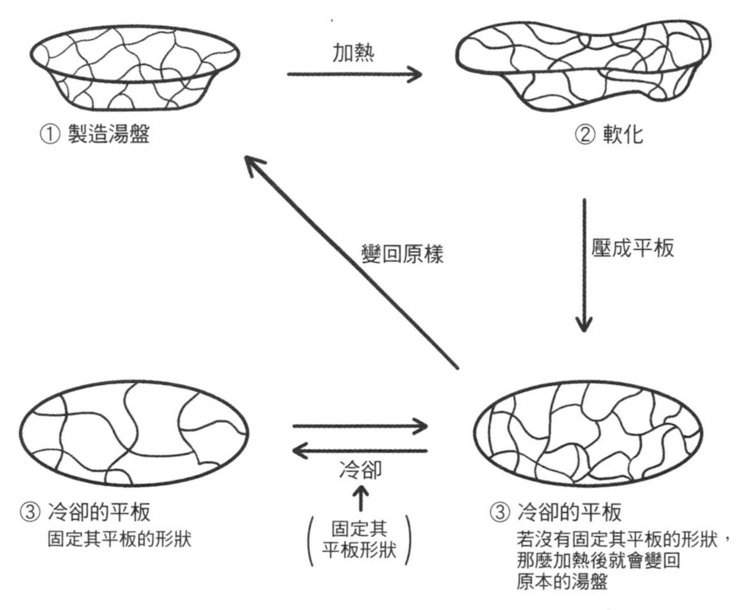

形狀記憶高分子的應用

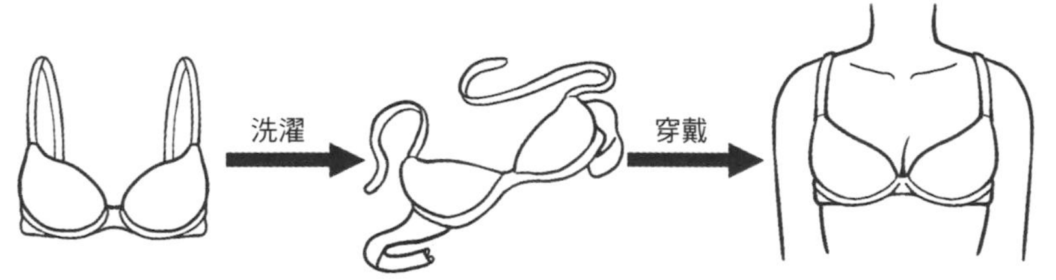

8-11

接著劑的種類與性質

人類從很久以前就會使用漿糊將2種物體黏在一起。以前的漿糊多是用飯粒之類的澱粉、明膠之類的蛋白質等天然材料製成。現代的接著劑則可用在金屬間的黏合，以及黏合各種過去想像不到的材料。

接著的原理

用於黏著物品的接著劑是如何發揮功用的呢？接著原理主要有2種説法。

一種是物理性的接著，又叫做投錨模型。這種理論認為，不管是多平滑的表面，在原子層次上一定有許多凹凸不平的地方。將液狀漿糊倒入凹陷部分，再待其固化，便可像用錨固定一樣，黏合2個物體。

另一種則是化學性的接著。這種理論認為，接著劑會與物體表面的分子及原子產生化學鍵。這種化學鍵的力量，就可以將2個物體黏著在一起。

實際的接著劑

一般認為，目前接著劑應該是透過物理性的黏著方式黏合物體。這種接著力的力道非常強，貼在太空梭表面的隔熱磁磚，就是用接著劑固定的。

木工白膠

這是聚醋酸乙烯酯微粒與水混合所形成的懸浮液。水分蒸發後，高分子就會彼此融合固化，發揮錨的功能，固定住2個物體。不過，如果固化後的白膠接觸到水，就會恢復成原本的懸浮液，失去黏著力，使黏合處分離。

瞬間接著劑

接著劑的本體為聚合成高分子之前的單體分子。這種分子稱為氰基丙烯酸酯1，會與空氣中的水分H_2O反應，生成極性化合物2。2會攻擊另一個分子1，形成3。在這種聚合反應下，就會形成高分子。像這樣讓接著劑流入物體表面的凹洞，再使其固化，就能形成堅固的錨。

熱固性聚合物

在熱固性聚合物固化之前，塗在欲黏合的位置，然後加熱使其固化，便可擁有很強的黏著力。

接著原理

投錨模型

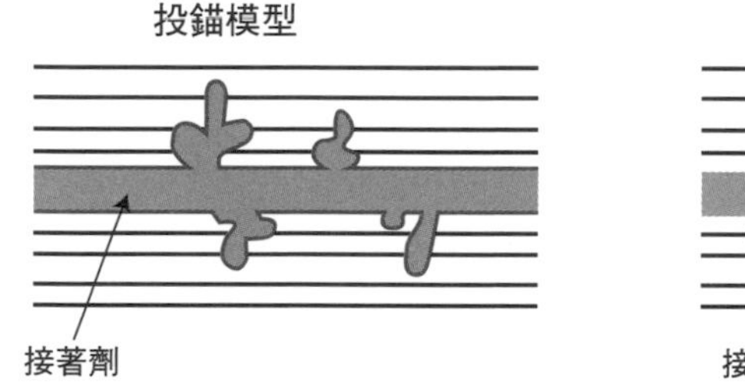

化學鍵模型

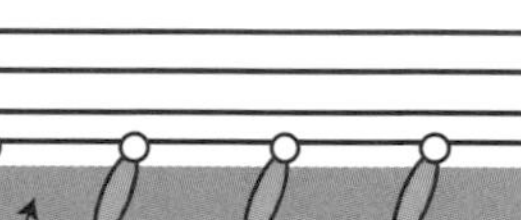

接著劑

接著劑的化學式

$$CH_2{=}C(CN)C(=O){-}OR \xrightarrow{H_2O} H_2O{-}CH_2{-}C^{-}(CN){-}C(=O){-}OR \;+\; CH_2{=}C(CN)C(=O){-}OR$$

氰基丙烯酸酯 1　　　2　　　1

$$\longrightarrow HO{-}CH_2{-}C(CN)(CO_2R){-}CH_2{-}C^{-}(CN)(CO_2R)\text{-------}$$

3

8-12

阻燃劑

合成纖維除了可用於製作衣服之外，也會用在窗簾、沙發、床、高級壁紙、天花板等家具與裝潢上。發生火災時，火會先往上燒到天花板，然後是牆壁以及窗簾。如果要增加住宅防火強度，就必須考慮使用耐燃的家具與裝潢。

難燃纖維比較不容易燃燒起來，這種纖維通常是一般合成纖維加入阻燃劑，或者塗布一層阻燃劑後製成。在這節中，就讓我們來看看這些難燃的功能性高分子加入了哪些阻燃劑。

要防止纖維燃燒，有以下3種方式。

①加入吸熱劑以降低火焰溫度。

②使纖維表面形成抑制熱傳導的隔熱層。

③捕捉高分子燃燒時產生的低分子自由基。

無機系阻燃劑

$Al(OH)_3$或$Mg(OH)_2$受熱後會引發脫水反應，產生水。這種反應為吸熱反應，會奪走周圍的熱，同時產生的水蒸氣具有稀釋可燃氣體的效果。

磷系阻燃劑

在含氧高分子燃燒時，磷酸三苯酯（TPP）與磷酸三甲苯酯（TCP）等磷酸酯分子可做為脫水劑，促進表層形成碳化膜，磷可抑制碳化膜進一步氧化。還會形成聚磷酸膜，抑制氧的擴散，以阻止燃燒的擴散。

鹵系阻燃劑

高分子燃燒時，因為燃燒熱很大，故會產生低分子自由基。這種自由基會與未燃燒的高分子反應，產生更多低分子自由基。所以火災時，低分子自由基會呈指數成長。

若要阻止火勢擴散，就必須抑制低分子自由基的生成。鹵系阻燃劑可在高溫下分解，生成鹵系自由基。這種鹵系自由基可以捕獲低分子自由基，阻止火勢擴散。

因此，阻燃劑的碳-鹵素原子鍵結愈弱、愈容易被切斷，就愈容易阻止火勢。碳與各種鹵素原子的鍵能大小依序為C–F＞C–Cl＞C–Br＞C–I，故碘化合物的效果最好。

阻燃劑的機制

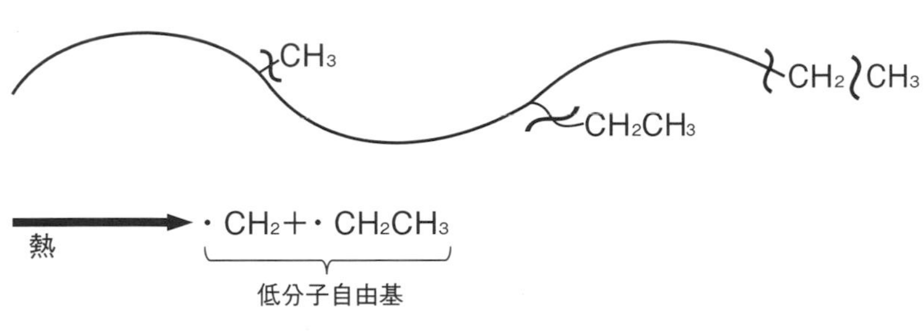

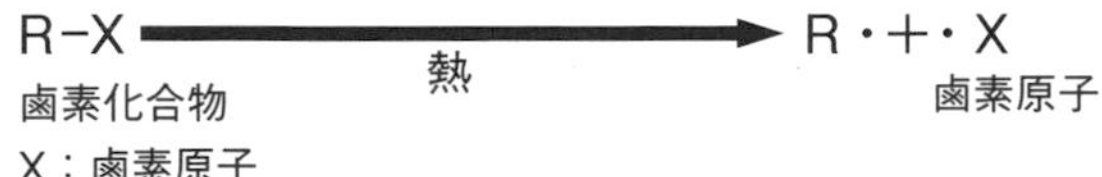

$\cdot X + \cdot CH_3 \longrightarrow X\text{–}CH_3$

自由基消失

MEMO

第 9 章

天然高分子的種類與性質

存在於自然界的高分子，稱為天然高分子。代表性的天然高分子如澱粉、纖維素等多醣，由胺基酸組成的蛋白質以及DNA、RNA等核酸，種類繁多。可以說生命體都是由天然高分子組成。

9-1

多醣類的單體

高分子不是只有人造高分子，自然界也存在高分子，稱為天然高分子。天然高分子多存在於生物體內，它們可組成生物的身體，也是身體活動、遺傳時的重要物質。天然高分子主要包括以澱粉、纖維素為代表的多醣類、蛋白質、核酸（DNA）等。以下將依序介紹這些分子。

單醣

多醣類屬於高分子，是由許多單體分子以共價鍵結合而成。多醣類的單體分子叫做單醣。單醣種類繁多，常見的單醣包括葡萄糖、果糖、半乳糖等。

2個單醣能以共價鍵結合成雙醣。麥芽糖由2個葡萄糖結合而成，蔗糖由葡萄糖與果糖結合而成，乳糖由葡萄糖與半乳糖結合而成。

α-葡萄糖與β-葡萄糖

纖維素與澱粉皆為我們熟知的多醣類。多醣顧名思義，就是由許多單醣（葡萄糖）聚合而成的高分子。

問題在於葡萄糖的結構。葡萄糖是有6個碳的化合物，一般我們會把葡萄糖畫成6員環結構，但其實葡萄糖的結構在溶液中並不固定。有時候會呈現鏈狀葡萄糖B，有時會轉變成環狀的α-葡萄糖A，有時又會轉變成環狀的β-葡萄糖C，三者形狀各不相同。其中，A與C互為立體異構物。

也就是說，葡萄糖是A、B、C等3種化合物的混合物。而這3種化合物會互相變換、達到平衡，以混合物動態平衡的形式存在。要注意的是，A、B、C皆為「實際存在的分子」，並非存在「一種介於A、B、C之間的平均化合物」。

這種動態平衡常與共振搞混。以苯為例，說明苯的結構時，我們會畫1個雙向箭頭連接D與E。但D與E皆非實際存在，存在的只有介於D與E之間、就像兩者平均一樣的化合物。請特別注意箭頭的形狀。

各種單醣的結構

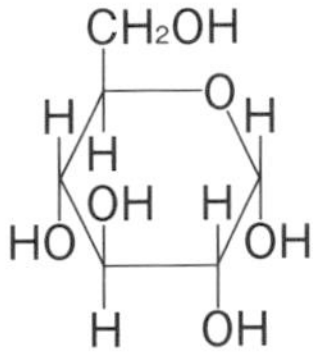

α-D-葡萄糖

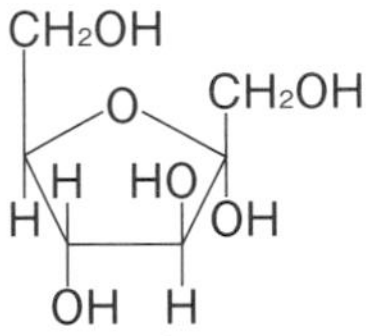

果糖

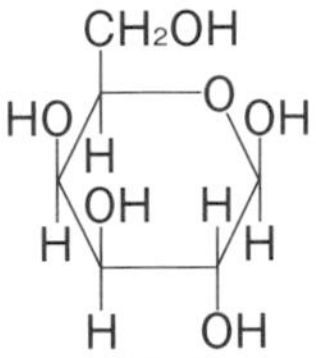

半乳糖

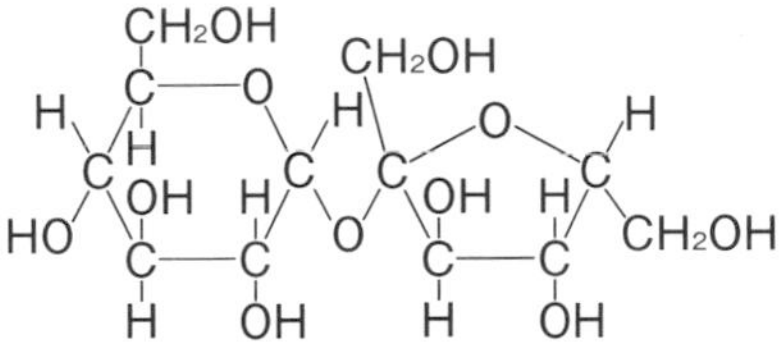

蔗糖

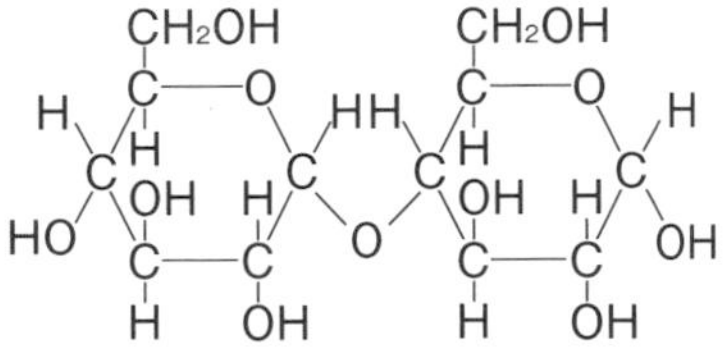

麥芽糖

α-葡萄糖與β-葡萄糖的結構

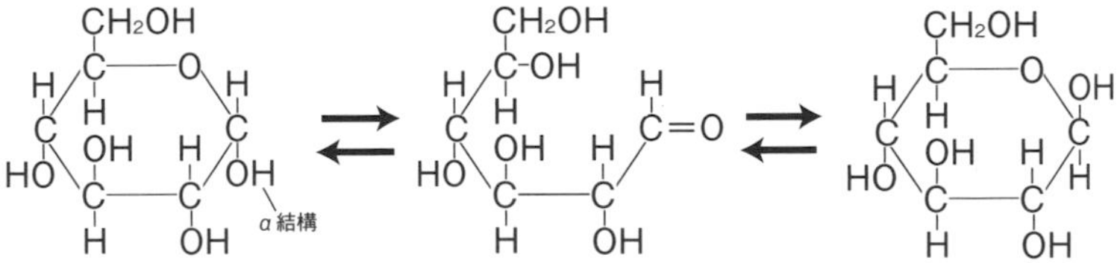

α結構

A α-葡萄糖

B 鏈狀結構

C β-葡萄糖

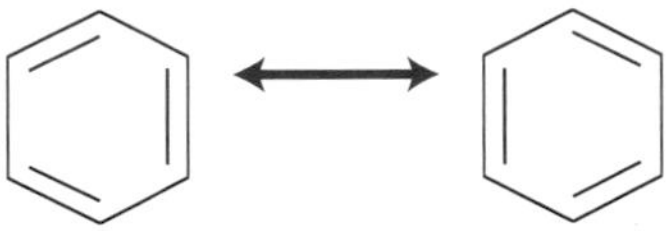

D 苯 E

9-2

由葡萄糖聚合而成的多醣類

多醣的種類繁多，最常見的就是我們的食物中不可或缺的營養來源——澱粉，以及構成植物身體、建築材料中不可或缺之木材中的纖維素。這2種為截然不同的多醣，但構成這2種多醣的單體分子都是葡萄糖。

寡糖

多醣為高分子，是由數百數千個單醣結合而成。不過，即使單醣個數沒有那麼多，只要有幾個單醣，也能聚合成較大的分子，這種分子一般稱為寡糖。

若少於10個葡萄糖連接成環狀，會形成環糊精。環糊精的分子結構看起來就像沒有底部的水桶或浴盆。

環糊精的環狀結構讓它可以圈住其他分子，形成超分子結構。我們可以將這個性質應用在許多化學反應的情況中，譬如，用環糊精包裹住山葵氣味分子，使其緩慢釋出。

澱粉與纖維素

葡萄糖鍵結成多醣時，會先形成環狀結構，再串聯起來。也就是説，葡萄糖會先轉變成α型或β型，再串聯起來。由α-葡萄糖串連而成的高分子為澱粉，由β-葡萄糖串聯而成的則是纖維素。

因此，不管是澱粉還是纖維素，如果在體內消化分解，都會變成3種葡萄糖分子的混合物，理應為相同的營養來源。問題在於，我們體內的消化酵素只能分解α-葡萄糖間形成的鍵結，無法分解β-葡萄糖間形成的鍵結。

因而現實中，我們人類無法分解纖維素，無法消化吸收草或木材中的營養素。如果未來開發出能分解纖維素的腸內細菌，並在體內培養這些細菌，想必能讓我們的飲食生活更加豐富多樣。

環糊精的結構

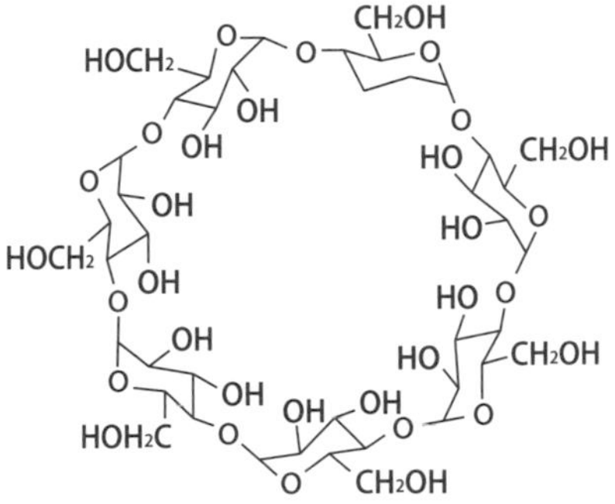

澱粉與纖維素的結構

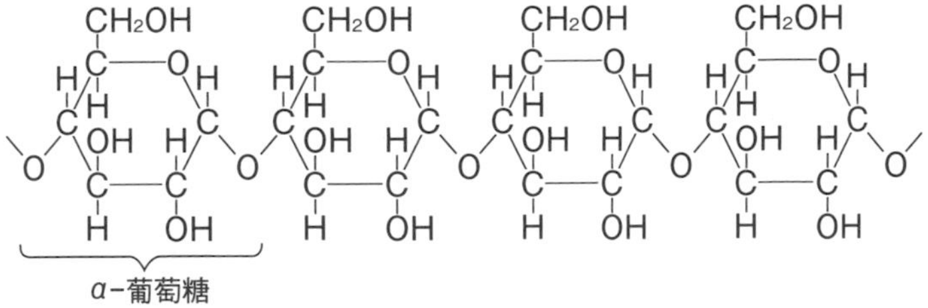

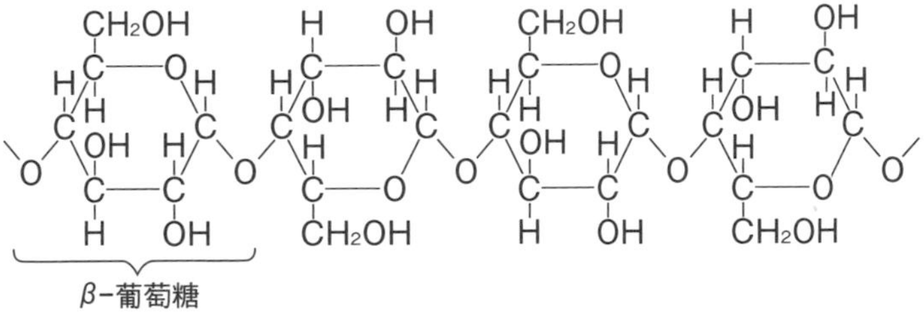

9-3

多醣類的立體結構

澱粉是由單一種類的單體分子α-葡萄糖聚合而成的天然高分子。它的結構可以是一長條直鏈，也可以有分支。不過直鏈狀的澱粉並不是一條直線，而是呈螺旋狀。

直鏈澱粉與支鏈澱粉

澱粉有2種，分別是直鏈澱粉與支鏈澱粉。直鏈澱粉為許多串聯成線狀的葡萄糖，就是前一節中提到的澱粉結構的延長。

另一方面，支鏈澱粉則在許多地方有分支結構。支鏈澱粉也是澱粉，由α-葡萄糖聚合而成。只有在分支的地方，有另一個葡萄糖分子與環狀結構的側鏈CH_2OH鍵結。以稻米為例，糯米幾乎有100%是由支鏈澱粉組成，一般我們吃的粳米則約含有20%左右的直鏈澱粉。糯米的黏性就是來自支鏈澱粉各側鏈彼此間的糾纏。

澱粉的螺旋結構

直鏈澱粉雖為直線狀分子，但它在空間中卻是螺旋結構。而且這種螺旋相當規律，約每6個葡萄糖分子會繞一圈。

若在溶有澱粉的溶液內加入碘I_2，碘分子就會進入螺旋內，使澱粉溶液呈現藍紫色，這就是碘與澱粉反應的原理。如果加熱這個溶液，分子運動會變得更激烈，碘就會脫離螺旋結構，使顏色消退。

α-澱粉與β-澱粉

澱粉分子之間會形成氫鍵，固定住相對位置，形成結晶。這種狀態稱為β-澱粉。此時如果加水或加熱，可切斷氫鍵，打破結晶狀態，使其軟化變回α-澱粉。

生米的澱粉為β-澱粉，煮熟的飯則是α-澱粉。如果α-澱粉在水分存在的情況下冷卻，又會變回β-澱粉，也就是冷飯。α-澱粉易消化，β-澱粉則難以消化。日本戰國時代武士的隨身糧食「燒米」以及麵包，由於不含水分，所以會固定在α-澱粉的狀態，即使冷掉也不會變成β-澱粉。

支鏈澱粉的結構

α-葡萄糖

支鏈澱粉

澱粉的螺旋結構

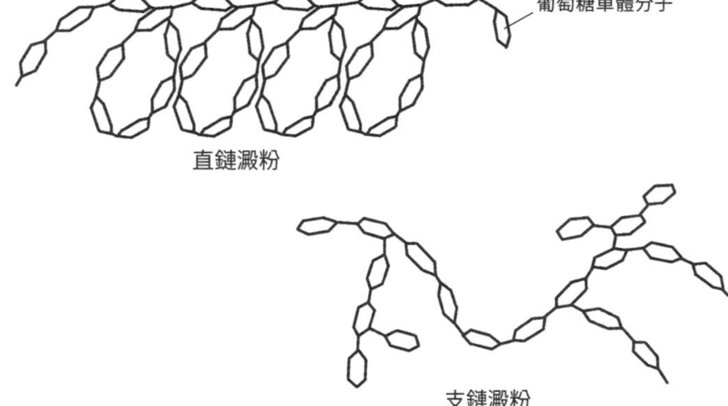

9-4

黏多醣

市面上有很多種號稱能促進健康的營養品，較有名的包括膠原蛋白、甲殼素、玻尿酸、硫酸軟骨素、黏多醣等等。上述分子中，除了膠原蛋白是蛋白質之外，其他分子都是多醣類，也就是澱粉的同類。由此看來，多醣確實在生物體內扮演著重要角色。

葡萄糖胺

前一節中我們提到了葡萄糖的結構，當它的側鏈CH_2OH氧化成羧基COOH後，會轉變成葡萄糖醛酸。

另外，若葡萄糖的1個羥基OH被置換成胺基NH_2，會得到葡萄糖胺。一般而言，擁有胺基的化合物稱為胺，所以葡萄糖加上胺基後就會變成葡萄糖胺。如果這個胺基與醋酸CH_3COOH反應（乙醯化），就會得到乙醯葡萄糖胺。

黏多醣的結構

葡萄糖醛酸、葡萄糖胺、乙醯葡萄糖胺皆為單醣。黏多醣則是以乙醯葡萄糖胺為單體分子聚合而成的多醣。右頁表中列出了各種黏多醣，以及構成這些黏多醣的單醣。

簡單來説，黏多醣指的是由擁有胺基的葡萄糖，如葡萄糖胺、乙醯葡萄糖胺等聚合而成的多醣總稱。

構成這些單醣、多醣的葡萄糖原料可以由我們自身身體製造。也就是説，只要攝取基本的蛋白質、脂質等營養素，我們便可以澱粉為原料，製造出這些黏多醣。換言之，只要均衡攝取多種食品，就不需再吃黏多醣的營養品了。

蝦蟹等甲殼類的殼含有大量甲殼素，除了用於營養品之外，近年來也開始用於製造工業材料。

黏多醣結構

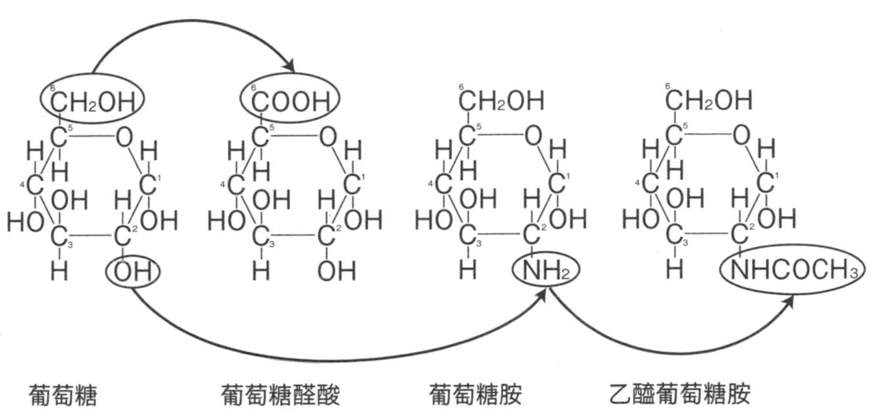

黏多醣的種類與成分

	名稱	成分
	澱粉 纖維素	葡萄糖 葡萄糖
黏多醣類	殼聚醣 甲殼素 玻尿酸 硫酸軟骨素	葡萄糖胺 乙醯葡萄糖胺＋葡萄糖胺 乙醯葡萄糖胺＋玻尿酸 乙醯葡萄糖胺＋玻尿酸＋硫酸

9-5

蛋白質

烤肉吃的肉多為動物肌肉，這些肉是蛋白質，但蛋白質不是只有肉。譬如生物化學反應時會用到的酵素，表現出DNA遺傳資訊的酵素等，都屬於蛋白質。病毒內收納核酸的容器也是由蛋白質構成。

胺基酸

蛋白質是天然高分子的一種，其單體分子為胺基酸，人類的蛋白質含有20種胺基酸。

胺基酸以1個碳原子為中心，連接了1個適當的取代基R、1個氫H、1個胺基NH_2以及1個羧基COOH，共有4個取代基。這種連接了4個不同取代基的碳稱為「不對稱碳」，且這種分子擁有光學異構物。

光學異構物為立體異構物的一種，兩者就像右手與左手般互為鏡像關係。胺基酸的2種光學異構物分別稱為D型與L型。光學異構物為不同的化學物質，但「化學性質」完全相同。因此，人工合成的胺基酸會是D型與L型的1：1混合物（消旋物）。

不過，光學異構物的「光學性質」與「生理性質」截然不同。特別是生理性質，其中一種異構物可能是可以治病的藥，但另一種可能是致命毒物。

多肽

就像我們前面提到的尼龍一樣，1個胺基酸的胺基會與另1個胺基酸的羧基行脫水縮合反應，醯胺化後形成醯胺鍵。胺基酸之間的醯胺化反應特稱為胜肽化。2個胺基酸胜肽化後，可以得到雙肽。

若這個反應反覆發生，就可以讓許多胺基酸鍵結起來，這種高分子稱為多肽。此時，多肽中的20種胺基酸是怎樣的排列順序並鍵結十分重要，這項資訊稱為蛋白質的一級結構或平面結構。

不過，多肽還不能算是蛋白質。多肽還要滿足某個特殊條件，才能稱為蛋白質，那就是特定的立體結構。立體結構在蛋白質發揮功能時，扮演著十分重要的角色。

胺基酸的結構

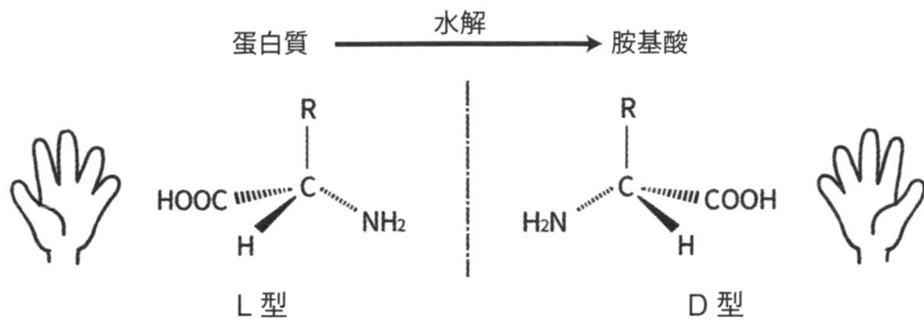

多肽結構

$$^{+}H_3N-\underset{R_1}{\overset{H}{C}}-C\!\begin{matrix}{=}O\\ -O^-\end{matrix} \; + \; ^{+}H_3N-\underset{R_2}{\overset{H}{C}}-C\!\begin{matrix}{=}O\\ -O^-\end{matrix}$$

$$\downarrow$$

$$^{+}H_3N-\underset{R_1}{\overset{H}{C}}-\overset{O}{\overset{\|}{C}}-\underset{H}{N}-\underset{R_2}{\overset{H}{C}}-C\!\begin{matrix}{=}O\\ -O^-\end{matrix} \; + \; H_2O$$

雙肽

$$\cdots CO-\overset{R_1}{CH}-NH-\overset{R_2}{CH}-NH-\overset{R_3}{CO}-CH-NH\cdots$$

多肽

多肽

蛋白質

9-6

蛋白質的立體結構

只有能在生物體內發揮特定功能的「多肽」，才能被稱為「蛋白質」。蛋白質若要發揮特定功能，特定的立體結構是絕對必要的條件。蛋白質立體結構的摺疊有嚴格的規則，就像摺襯衫一樣，要是違背摺疊規則，蛋白質就無法發揮正常功能。蛋白質的立體結構可以分成3個階段，分別稱為二級結構、三級結構、四級結構。

蛋白質的二級、三級結構

蛋白質的立體結構是「單位立體結構」的排列組合。這種單位立體結構稱為二級結構，有α螺旋與β摺板2種。α螺旋為螺旋結構，多肽鏈會順時鐘旋轉。β摺板則是由多肽鏈中多個平行排列的部分組成，整體看起來會呈平面狀。

蛋白質的整體立體結構，就是由數個α螺旋與β摺板組合而成。連接這2種結構的部分稱為無規則線團（random coil）。一條多肽鏈的整體立體結構，稱為蛋白質的三級結構。

蛋白質的四級結構

一般蛋白質的立體結構只到三級結構。不過，某些蛋白質的立體結構更為複雜。譬如哺乳類紅血球中運送氧氣的蛋白質——血紅素，就是其中之一。

血紅素由2種多肽鏈構成，包括2個α蛋白與2個β蛋白，2種多肽鏈有些微差距。這4條多肽鏈可以結合成更高維度的結構體。不過這4條多肽鏈並非隨意組合，而是依照特定的位置關係、方向，聚集成一個結構體。

這種由多個分子聚集而成的高維度結構體，一般稱為超分子。血紅素就是由多肽鏈這種高分子構成的超分子，就這層意義而言，蛋白質與之後會提到的DNA類似。使超分子結構形成並維持形狀的力量，則是先前有提過的氫鍵與其他分子間力。因此在生命體的運作過程中，氫鍵可以說是扮演了相當重要的角色。

蛋白質的二級、三級結構

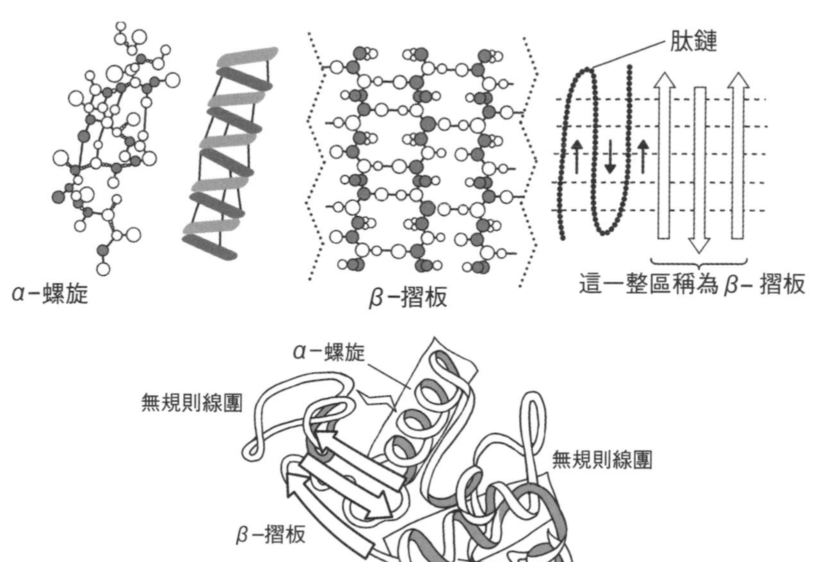

蛋白質的四級結構

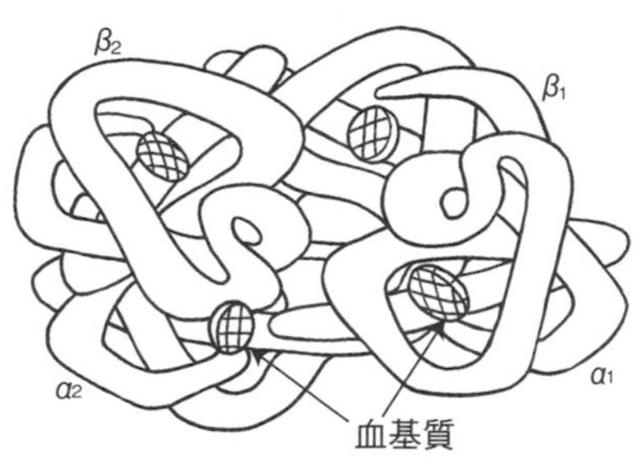

9-7

蛋白質的功能

蛋白質是十分重要的物質，肩負著維持生命的重擔。蛋白質的功能十分多樣，一般人熟知的蛋白質如血液中搬運氧氣的血紅素，或是控制生物體內化學反應的酵素。

血紅素

如同我們在前一節中提到的，血紅素是由4條多肽鏈高分子組成的複雜結構。每條多肽鏈都會與1個名為血基質的低分子結合。血基質是由有機物及金屬元素的鐵構成的複雜分子。血紅素順著血流抵達肺泡後，血基質內的鐵離子會在該處與氧氣結合。與氧氣結合後，血紅素再順著血液抵達體內各個細胞，將氧氣交給各個細胞。失去氧氣的血紅素再回到肺泡，與新的氧氣結合，再把氧氣帶到各個細胞。

就這樣，血紅素會全年無休地將氧氣運送至體內的各個細胞，就像快遞公司一樣。

酵素

細胞就像化學工廠，會持續不斷地進行各種化學反應。若在實驗室以人工方式進行這些反應，可能需要使用酸或鹼，並加熱到接近100℃。不過，細胞可以在酸鹼度接近中性、溫度接近室溫的條件下進行這些反應。即使是哺乳類，需要的反應溫度也不會超過40℃。

生物之所以能在如此溫和的條件下反應，是因為酵素的存在。酵素是蛋白質的一種，功能與催化劑類似。

鑰匙與鑰匙孔

右頁圖為酵素反應時的酵素E與基質S之反應機制示意圖。

首先，E與S反應，形成複合體ES。若要形成ES，E與S的結構必須十分契合才行，就像鑰匙與鑰匙孔一樣。接著E會將S轉變成生成物P，於是複合體ES會轉變成EP。之後E與P分離，E再與下一個S結合，重複相同的反應機制。

下圖為複合體ES的結合狀態。E與S可以透過氫鍵結合在一起。酵素作用的關鍵，就在於這樣的結合狀態。

血紅素的結構

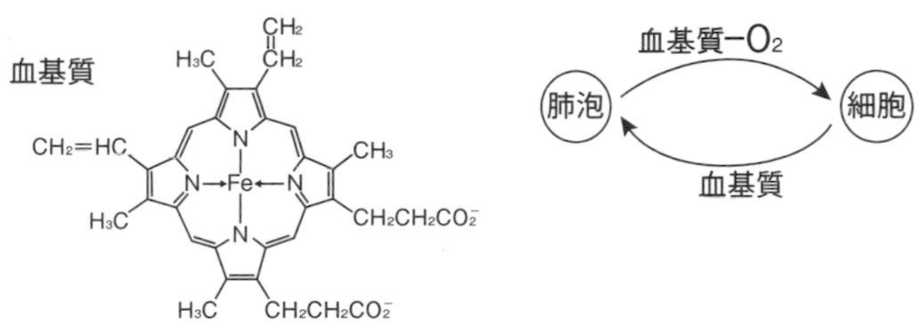

酵素的角色

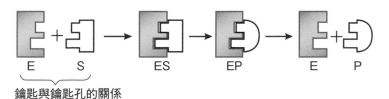

E + S → ES → EP → E + P

鑰匙與鑰匙孔的關係

酵素反應中酵素與基質的作用

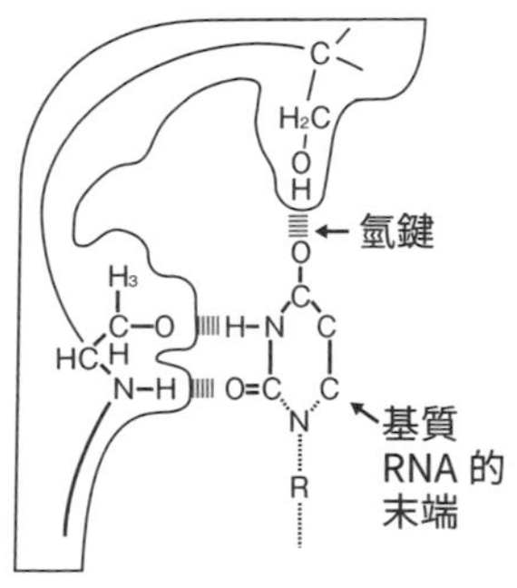

9-8

蛋白質與毒性

常有人說「毒藥與良藥只有一線之隔」，毒與藥其實是相同的東西。少量使用的話就是藥，過量使用的話就是毒。以酵素形式維持生命活動的蛋白質，在不同環境下也會變成劇毒。昆蟲與爬蟲類的毒多為蛋白質。

毒蛇的毒

日本有3類毒蛇，分別為眼鏡蛇、蝮蛇與虎斑頸槽蛇。被咬到時的喪命機率為眼鏡蛇＞蝮蛇＞虎斑頸槽蛇，不過單位質量的毒性強度剛好相反，為眼鏡蛇＜蝮蛇＜虎斑頸槽蛇。

虎斑頸槽蛇較小，毒量較少，毒牙又小，且位於嘴巴深處。即使被虎斑頸槽蛇咬到，注入人體內的毒量也相當少。相對的，眼鏡蛇很大隻，毒牙很大，攻擊性也強，所以被咬到的時後往往會造成嚴重傷害。

毒蛇的毒來自由胺基酸串連而成的毒蛋白。由結構分析可以知道，蛇毒蛋白由約60個胺基酸組成，且多種蛇毒蛋白擁有部分共通結構。

魚棘的毒

魚類的毒可以分成2種，一種是像河魨這種分布在魚肉上的毒，吃下魚肉後便會中毒；另一種則是分布在魚棘上，被刺到的話就會中毒。如果在吃魚時被魚棘刺到，過去的民間療法是用不會讓人燙傷的熱水浸泡患部。

這有一定道理可循。魚棘的毒多為毒蛋白。立體結構對蛋白質的功能來說相當重要，但這個立體結構非常複雜又敏感，當外部條件出現變化時，就會產生不可逆的破壞，稱為蛋白質的變性。這就是為什麼即使水煮蛋冷卻後也不會變回生蛋。

由右頁下方2張圖可以看出，若希望酵素發揮正常功能，需要適當的溫度與pH條件，如果無法滿足這些條件，酵素的功能會變得相當弱，可能還會變性，然後完全失去酵素功能。

就像將蝮蛇浸泡在酒中的蛇酒一樣。蛇毒為毒蛋白，在酒精環境下會變性，失去毒性。不過河魨的毒為河魨毒素，並非毒蛋白，不會因酒而變性。

闊帶青斑海蛇的氨基酸序列

				5					10					15					20
N	L	V	Q	F	S	N	V	I	Q	C	N	L	K	G	S	R	A	S	Y
				25					30					35					40
H	Y	A	D	Y	G	C	Y	C	G	A	G	G	S	G	T	P	V	D	E
				45					50					55					60
L	D	R	C	C	K	I	H	D	N	C	Y	G	E	A	E	K	M	G	C
				65					70					75					80
Y	P	K	W	T	L	Y	T	Y	E	S	C	T	D	T	S	P	C	D	E
				85					90					95					100
K	T	C	C	Q	G	F	V	C	A	C	D	L	E	A	A	K	D	F	A
				105					110					115			118		
R	S	P	Y	N	N	K	N	Y	N	I	D	T	S	K	R	C	K		

※1 個字母代表 1 個胺基酸

毒蛋白的變性

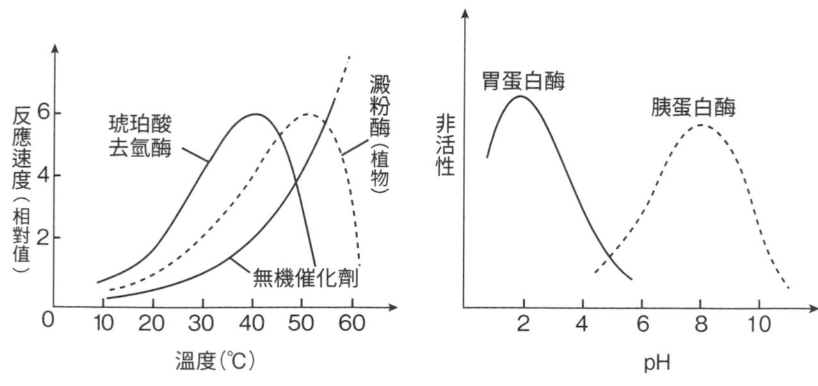

9-9

DNA

核酸是生物體內負責遺傳的天然高分子，可分為DNA與RNA這2種。DNA可將親代細胞的遺傳資訊傳遞給子代細胞，2條DNA鏈可互相纏繞成雙螺旋結構。

1條DNA鏈的結構

DNA是由4種名為鹼基的單體分子構成的高分子。單體分子包含了糖與磷酸組成的「基部」以及「鹼基」。鹼基有4種，因此與鹼基結合的單體分子也有4種。

核酸單體分子一般會直接稱為鹼基。各個單體分子會以基部互相連接成高分子，所以整個DNA分子可以說是一條由基部連接而成的鏈，每個基部再延伸出1個鹼基。

鹼基可分為2種，分別是嘌呤與嘧啶。嘌呤包括腺嘌呤（A）與鳥嘌呤（G）2種，嘧啶則包括胞嘧啶（C）與胸腺嘧啶（T）2種。常聽到攝取過量的嘌呤會導致痛風，這裡的嘌呤就是指嘌呤鹼基。

我們會依各鹼基的不同，為每個單體分子標記A、G、C、T等符號。DNA就是這4種單體分子依固定順序鍵結而成，這些順序就是所謂的遺傳資訊。

雙螺旋結構

DNA的雙螺旋結構，是由2條DNA高分子鏈互相纏繞而成。這2條DNA高分子鏈可形成穩定的結構物，是典型的超分子。2條DNA鏈是靠氫鍵組合起來的。

如圖A所示，4種鹼基彼此以氫鍵連結，不過由氫鍵構成的鹼基配對只有A-T、G-C這2種。A-G、A-C，或是A-A等配對並不存在。也就是說，構成雙螺旋的2條DNA分子中，鹼基不能任意配對，配對的鹼基必定存在「互補關係」。圖B簡單說明了這樣的關係。這種關係就像雞蛋糕的「模具」與「產品」一樣。知道用哪個模具就知道可以製造出哪個產品，看到產品就知道是用哪個模具製造出來的。

DNA鏈的結構

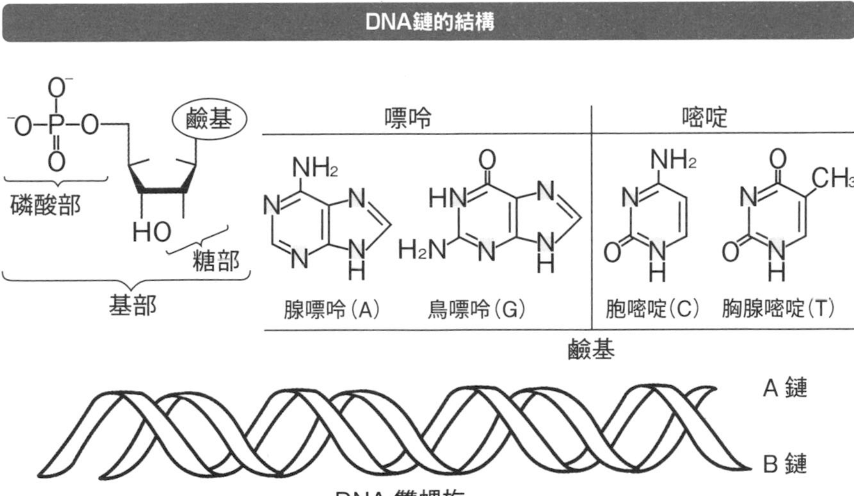

雙螺旋結構

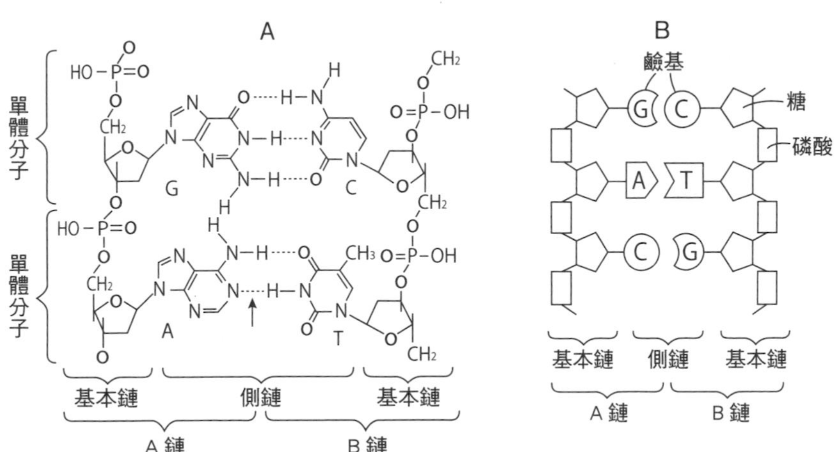

9-10

DNA的分裂與複製

從化學角度來看，DNA就只是個單純的高分子，不過，從生物的角度來看，DNA司掌著名為「遺傳」這個生物界最崇高的過程。

遺傳的本質

遺傳可讓子代身上出現與親代同樣的性質。只要親代將同樣的DNA傳承給子代，就能達到遺傳的目的。這就是遺傳的本質，或者說是「在細胞分裂的時候，母細胞的DNA將它自身的化學結構，傳遞給子細胞」這件過程。

過程中，原本是雙螺旋結構的DNA會分離成2條DNA鏈，接著細胞會以這2條DNA鏈為模板，分別製造出新的DNA分子，最後得到2份雙螺旋DNA分子，且2個雙螺旋DNA分子都與原本的DNA相同，這就是DNA的複製過程。

分裂與複製

細胞分裂時，酵素（DNA解旋酶）會附著在原本的雙螺旋結構上，然後從末端將雙螺旋結構解開。不過，在雙螺旋還沒完全解開成2條DNA鏈之前，就會有其他酵素（DNA聚合酶）附著到鬆開部分的DNA上，開始合成新的DNA分子鏈。

此時，原本的DNA分子就扮演著鑄模的角色。前一節中我們提到，DNA單體分子只能以A-T、G-C的方式配對，形成氫鍵。也就是說，DNA聚合酶在合成新的DNA分子時，會依照原本DNA上的鹼基，選擇可以與之配對的鹼基，將這些鹼基的單體分子連接在一起。反覆進行相同的操作，就能形成與原本的DNA分子鏈互補的新DNA分子鏈了。

也就是說，假設母細胞的雙螺旋DNA由舊A鏈與舊B鏈纏繞而成，那麼在複製之後，舊A鏈會與新B鏈纏繞成新的雙螺旋，舊B鏈會與新A鏈纏繞成新的雙螺旋。而舊A鏈與新A鏈相同，舊B鏈與新B鏈相同，所以舊A鏈-新B鏈、舊B鏈-新A鏈的雙螺旋，皆與舊A鏈-舊B鏈的雙螺旋相同，雙螺旋DNA複製成了2份。

遺傳的本質

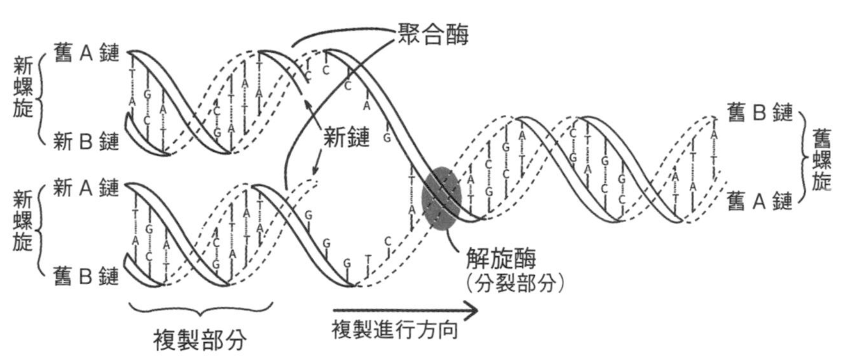

分裂與複製

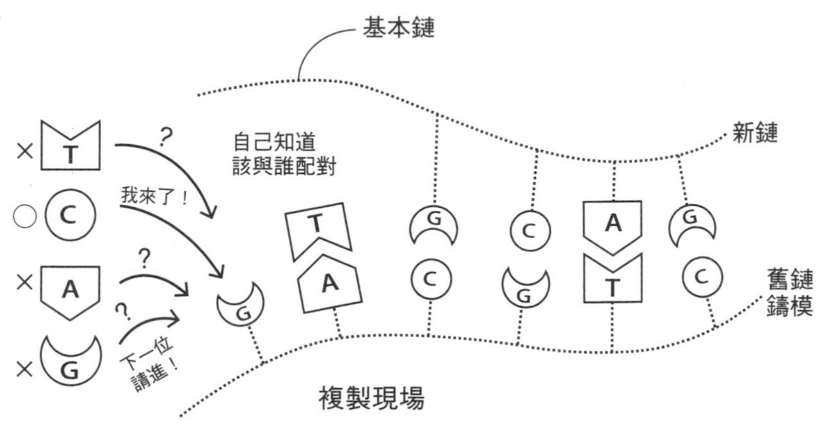

9-11

遺傳資訊與RNA

說到遺傳，可能會讓人聯想到頭髮顏色、眼睛大小等特徵。但這裡說的遺傳資訊，指的是這個人特有的蛋白質群，或者說是酵素群的目錄以及其設計圖。DNA可指定蛋白質的結構。個體展現出的外貌和特徵，就是根據蛋白質作為酵素時所發揮的功能。

密碼子

DNA大致上有2個功能。一個是將母細胞的遺傳資訊傳遞給子細胞。遺傳可以想成是將「特定酵素（蛋白質）的組合」傳遞給下一個世代。這些被傳遞的「蛋白質組合」就是「特定的工匠集團」，可以打造出「擁有獨特個性的個人」。

因此，DNA的遺傳資訊就是蛋白質的設計圖，也就是「20種胺基酸」的排列順序。每種胺基酸可對應到3個特定順序的DNA單體分子，稱為密碼子。單體分子（鹼基）有A、G、C、T這4種，所以密碼子的種類有4^3＝64種。64種密碼子足以識別20種胺基酸，其中，有些胺基酸會對應到多種密碼子。

製作RNA

DNA的另一個功能，則是用於製造核酸RNA。DNA的遺傳資訊中，遺傳過程中的必要部分稱為基因，不過基因只佔了DNA的5%左右。剩下的95%在遺傳過程中並非必要，被冠上了垃圾DNA這個有些可憐的名字。

RNA是擷取了DNA基因部分的核酸。製作RNA的方式與DNA複製類似。RNA聚合酶這種酵素會附著在雙螺旋DNA的某一條鏈上，然後複製DNA的基因部分，卻會跳過垃圾DNA的部分不複製，到了下一個基因部分時再繼續複製。由DNA合成出RNA的過程，稱為轉錄。

1條DNA上可同時有好幾個RNA聚合酶附著，並朝著同樣的方向進行轉錄工作，愈早開始轉錄出來的RNA愈長，整體形狀就像一條繩子垂下許多支鏈。

RNA是單股鏈

因為製作方式如此，所以RNA與DNA不同，不是雙螺旋結構。如果RNA是雙股鏈的話，就有酵素可以檢查核酸的結構、鹼基種類是否有誤，有誤的話還可以及時修正。但RNA是單股鏈，沒有這種檢查機制。也就是說，如果轉錄時發生錯誤，那麼生成的RNA就只能繼續進行下一步驟。

病毒的核酸多僅含RNA。新冠肺炎的病毒也是如此，因此，病毒的基因相當容易突變。

製作RNA

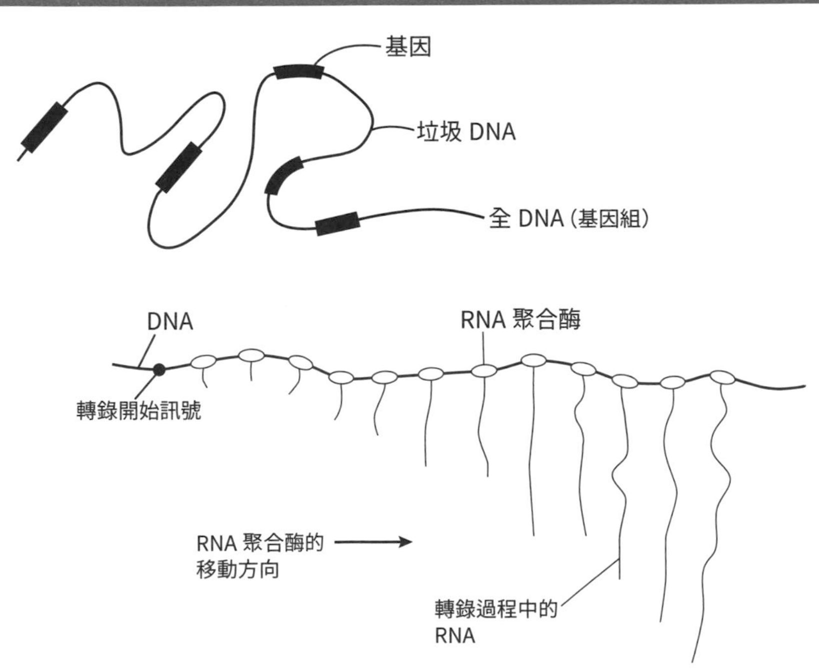

9-12

核酸與蛋白質合成

RNA的功能是依照DNA的遺傳資訊，製造出蛋白質。

密碼子與胺基酸

前面提到，3個DNA鹼基可組成1組密碼子，1組密碼子可對應到1種胺基酸。鹼基有4種，故任意3個鹼基的排列組合共有$4^3=64$種。然而胺基酸只有20種，因此平均而言，每種胺基酸可對應到3組不同的密碼子。

細胞胞器中的核糖體可依RNA上的資訊合成出蛋白質。指定胺基酸排列順序的RNA叫做傳訊RNA（messenger RNA），簡稱mRNA。將mRNA指定的胺基酸帶到「蛋白質合成現場」的RNA叫做轉送RNA（transfer RNA），簡稱tRNA。

核糖體可讀取mRNA上的密碼子，然後呼叫「Y胺基酸請進」。負責引導Y的工作人員tRNA就會帶領Y進入合成現場，然後負責合成蛋白質的酵素就會將Y胺基酸與原本在裡面的X胺基酸連接在一起。之後，tRNA就會離開Y，到外面尋找其他的Y。

建構立體結構

就這樣，細胞便能由DNA基因部分的密碼子資訊，將各個胺基酸連接起來，得到蛋白質的一級結構，也就是平面結構。但這還不是蛋白質，只是多肽鏈而已。多肽鏈要「升級」成蛋白質，必須形成正確的立體結構才行。

如果是胺基酸個數較少，結構較簡單的蛋白質，那麼在形成一級結構時，就會自動摺疊成獨特的結構。此時O…H、N…H、S…H等氫鍵可以發揮「大致固定」的效果。

但如果是較大、結構較複雜蛋白質，就必須以外力強制其摺疊。此時就會用到一種叫做伴護蛋白（chaperone）的蛋白質。

密碼子與胺基酸

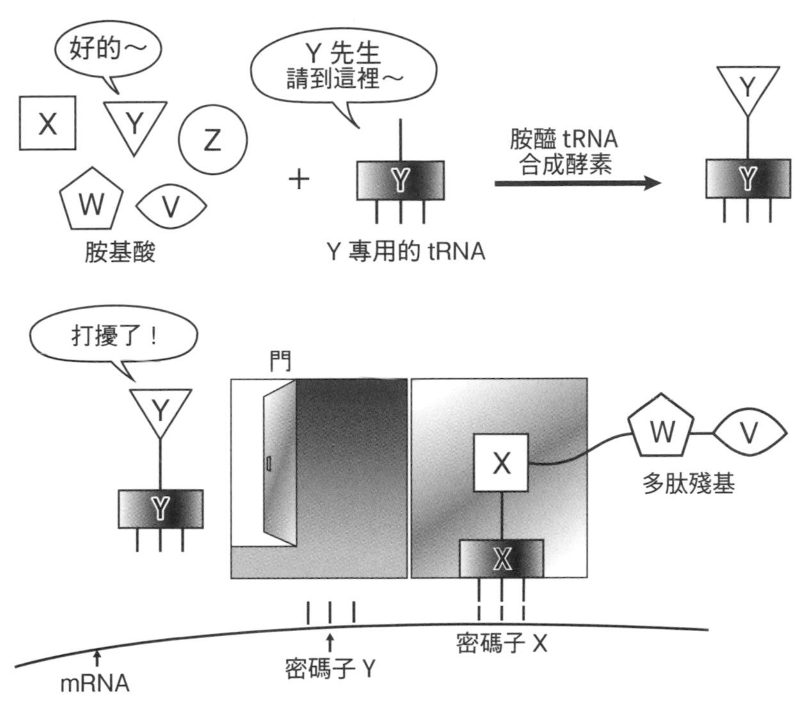

建構立體結構

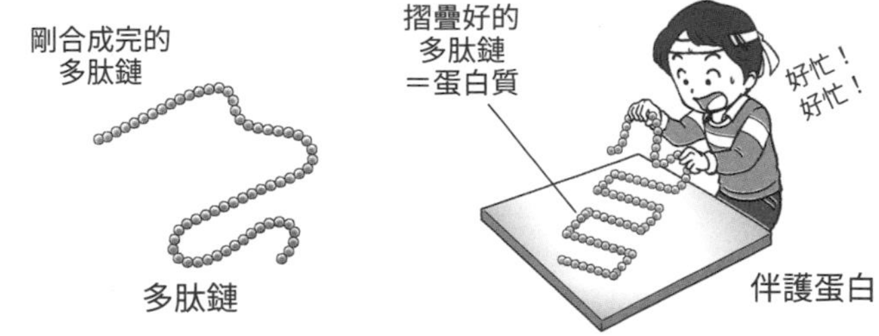

9-13

基因重組與基因組編輯

DNA為化學物質，故會行化學反應。化學反應可切斷DNA的鍵結，也可產生新鍵結。這些編輯DNA的方法，屬於基因工程的研究領域。

基因重組

將某個DNA與其他DNA重新剪接、排列組合，稱為基因重組。有種酵素叫做限制酶。限制酶有數百種，每種限制酶可在DNA的特定位置切斷DNA。因此善用這些限制酶，我們就能在想要的地方切斷DNA。這些切開來的DNA，可以和其他使用相同限制酶切開的DNA黏合起來。

從化學的角度看來，這反應似乎沒什麼特別的。但從生物角度看來，卻是個擁有重大意義的反應。如果我們將魚的部分DNA與狗的部分DNA編輯重組，或許就可以製造出能在水中呼吸的水中犬了，說不定也能製造出希臘神話中半獸半神的奇美拉。但這不僅是生物學上的課題，也關係到生物倫理。因此，世界各國的基因重組技術都處於嚴格管控下。

強力的除草劑，以及經過基因重組、可耐受這種除草劑的穀物種子常會一起販售。目前基因重組作物已在世界各地廣為流通。

基因組編輯

基因組指的是DNA中所有的基因資訊。簡單來說，基因組＝DNA。編輯基因組，就是在編輯DNA。雖然「編輯」的定義並不明確，不過簡單來說，就像是刪去文章中某些句子，或者改變句子順序。

「基因組編輯」與「基因重組」這2個詞在某些情況下，意思並不一樣。基因組編輯「不會影響到其他DNA」，基因組編輯只會「去除DNA中會成為阻礙的部分」，或者是「改變基因的排列順序」。也就是說，基因組編輯不會製造出奇美拉。基因組編輯與自古以來人類就在做的交配選殖差不多，所以一般對於基因組編輯的管理比較鬆。

目前人們已試著剔除掉鯛魚、河魨內抑制肌肉增大的基因，成功培育出肉量增加數成的壯碩鯛魚與壯碩河魨。未來或許也能培育出特定營養素的含量特別豐富的特殊蔬菜。

基因重組機制

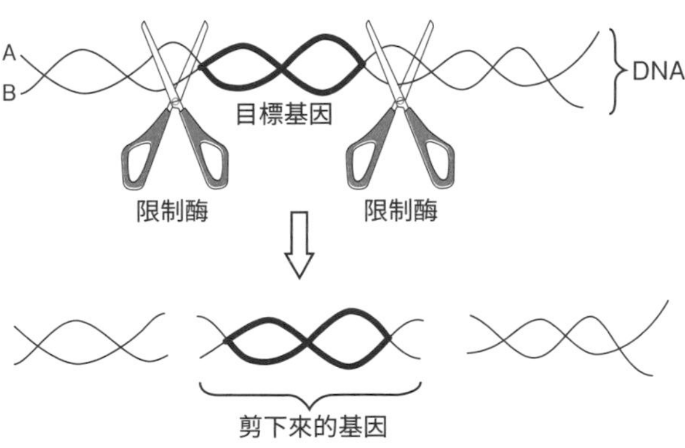

基因組編輯的可能性

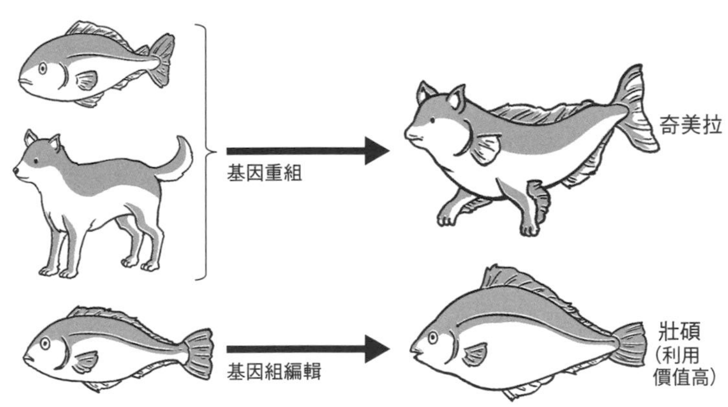

MEMO

第10章

高分子在環境保護中的角色

環境汙染已成為相當大的社會問題。高分子也是汙染原因之一。為防止高分子造成的公害，可採取名為「3R」的方法。不過，高分子在沙漠綠化、自來水淨化、環境改善等方面也能有所貢獻。

10-1

環境與高分子

我們都住在地球這顆小行星上。在這直徑為1萬3千km的星球上居住了77億的人，若是地球被汙染的話，將是不可逆的現象。然而現在地球上正發生各種環境問題，高分子也是原因之一。

堅固且持久

塑膠的優點在於堅固且持久，但這也是塑膠的缺點。塑膠遭廢棄後，會一直存在於環境中，永遠不會消失，這樣會造成很多問題。一個是會影響環境美觀，另一個是會造成人類以外生物的麻煩。若海龜等生物吞食塑膠膜，塑膠膜填滿了海龜的肚子，海龜就會無法繼續進食而死亡。釣線也會纏住海鳥，使這些動物受傷。

燃燒廢棄物

廢棄塑膠經燃燒後會產生二氧化碳，造成地球暖化，而且燃燒甚至可能會產生有害物質。

聚氯乙烯等含氯物質如果與有機物一起在400℃以下的低溫燃燒，會產生戴奧辛等物質，因此日本垃圾焚燒設施的運作溫度都設定在800℃以上。不過，也有人懷疑戴奧辛的公害程度是否被誇大。

塑膠微粒

近年來最受爭議的是塑膠微粒，這指的是直徑在1mm以下的塑膠粒子。當一般塑膠產品漂流到海洋，會在隨波逐流的過程中逐漸崩解成碎片。

若海洋中的小動物吃下這些塑膠微粒，這些塑膠微粒會填滿牠們的消化道，造成進食障礙。而且單位質量的塑膠微粒表面積相當大，表面會吸附各種化學物質。生物吃下塑膠微粒後，可能會吸收這些化學物質。生物吸收的化學物質會透過食物循環造成生物累積，最後以濃縮後的高濃度狀態進入我們人體。

塑膠的焚燒問題

戴奧辛

氯化合物＋有機物

低溫燃燒 →

Cl_m Cl_n

$1 \leqq m+n \leqq 8$

戴奧辛

塑膠造成的海洋汙染示意圖

10-2

高分子的3R

若要減少高分子對環境的影響，只要減少高分子的使用量就可以了。所以有人提倡3R，包括Reduce（節約）、Reuse（重複使用）、Recycle（回收）等。

物質回收

節約、重複使用應該不需要解釋太多。減少使用一次性的塑膠用品，譬如不再使用塑膠袋就是節約的象徵。寶特瓶確實可以重複使用，但考慮到食品衛生，推行上有一定難度。不過，像是清潔劑的補充包、雷射印表機的碳粉盒等，類似的應用並不少見。

回收則是指將產品恢復成原料，再投入各種應用。

回收有3種方法，物質回收就是其中之一。在高分子領域中，我們可以將塑膠產品變回原本的塑膠原料重新加工，然後製成新產品。

就像把廢棄塑膠作成花盆一樣。不過，各種塑膠的混合物，再怎麼樣都很難得到高品質的塑膠，所以產品品質必然會比較低劣。

化學回收

高分子塑膠經化學分解後會變回單體分子，之後可再次高分子化。不過分解與再合成都是化學反應，需要多種溶劑、試藥、能量、勞力等。不僅如此，只要進行化學反應，就可能會產生新的公害。所以雖然這種方法在化學研究上很有魅力，但現實上不可能實現。

熱回收

也就是將廢棄塑膠拿去焚燒，但也不是燒一燒就沒事了，燃燒時產生的能量可作為資源再投入應用。雖然這是最原始又最單純的回收方法，卻也是最現實的方法。

問題在於如何有效運用這些能量。目前的熱回收領域中，產生的溫度愈高，應用的效率愈高。因此科學家們正努力開發可以在更低溫的狀態下回收熱能的熱回收技術。

焚燒塑膠後會產生二氧化碳，但如果把塑膠當成燃料，就可以減少做為燃料的石化燃料用量。就結果而言，二氧化碳的總生成量應不會有太大的變化。

解決高分子環境問題的3R

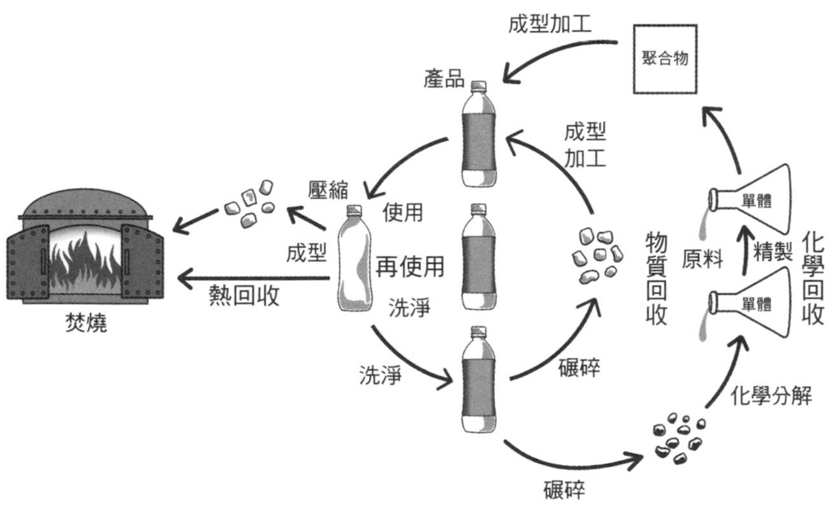

10-3
環境保護與高分子

環境問題的種類很多，且許多都與化學有關。不過，能解決這些環境問題的也是化學。高分子的環境問題也一樣。高分子化學可以說是解決與高分子有關之環境問題的關鍵。其中一個方法，就是開發容易被環境分解的高分子。

高分子與細菌

有人批評高分子太過堅固，但其實天然高分子也是高分子。如果將澱粉、纖維素、蛋白質放置在自然界中，它們會自然腐敗消失，成為下個世代生物的食物、肥料，然後重生成新的化合物。由這個例子可以看出，製造出結構易分解的合成高分子，應該不是什麼困難的事才對。

高分子的分解方式包括熱、光、藥物等等，而我們想開發的是與天然高分子一樣可以被微生物分解的高分子，一般稱為生物分解性高分子。生物分解性高分子不只能被生物分解成單體分子，單體分子還能繼續被細菌分解成最終產物的二氧化碳與水。

右頁表中列出了幾個例子。聚乳酸的原料是乳酸，可透過植物的乳酸發酵製成。若使用玉米來製作聚乳酸，那麼7顆玉米就可以製作出一張A4大小、25 μm厚的塑膠膜。

聚羥基丁酸酯為細菌合成的物質，故不須以石油等石化燃料做為原料。用細菌製造出原料，用於合成塑膠；廢棄時再用細菌分解。這或許是維持化學與環境間的平衡時，一個可以參考的方向。

強度

不過，容易分解就表示耐久性低。表中也列出了各種生物分解性高分子在生理食鹽水中的半衰期。較脆弱者約2～3週就會有一半被分解。看來這類塑膠容器應該不適合用來保存醃漬物。

即使如此，這類塑膠也有適合它的用途，譬如可以製成手術用的縫線。這種線可以在體內分解，並被身體吸收，所以不需要為了拆線再動手術，可減少患者的負擔。不過，這種線的耐久力較低，如果是與心臟、主動脈有關的手術，傷口縫合後需有一定機械強度的話，就不能使用這種縫線。

除了生物分解之外，未來如果能開發出在紫外線的照射下就能輕易分解的高分子，就能解決環境中塑膠垃圾的問題了。

可被細菌分解的高分子

名稱	原料	結構	在生理食鹽水中的半衰期	用途
聚乙醇酸	$HO-CH_2-\overset{O}{\overset{\|}{C}}-OH$	$\left(CH_2-\overset{O}{\overset{\|}{C}}-O\right)_n$	2～3週間	縫合線
聚乳酸	$HO-\overset{CH_3}{\overset{\vert}{C}}H-\overset{O}{\overset{\|}{C}}-OH$	$\left(\overset{CH_3}{\overset{\vert}{C}}H-\overset{O}{\overset{\|}{C}}-O\right)_n$	4～6個月	容器 衣物
聚羥基丁酸酯	$HO-\overset{CH_3}{\overset{\vert}{C}}H-CH_2-\overset{O}{\overset{\|}{C}}-OH$	$\left(\overset{CH_3}{\overset{\vert}{C}}H-CH_2-\overset{O}{\overset{\|}{C}}-O\right)_n$		釣線 漁網

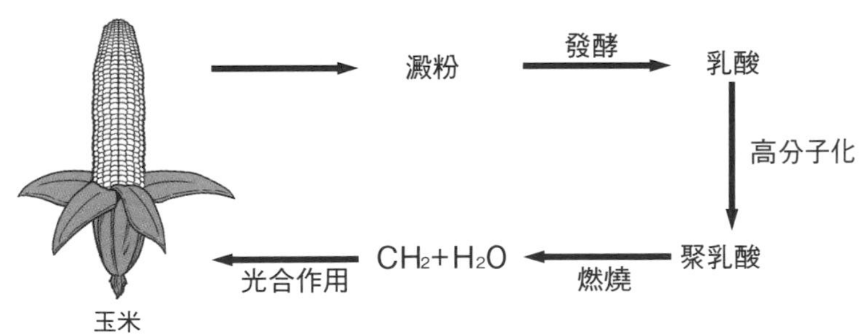

10-4 環境淨化與高分子

我們正努力讓高分子不要成為環境問題的元凶，但光是這種消極的態度還不夠，我們還可以用其他種類的高分子來解決眼前的環境問題。以下就讓我們來看看這些積極參與環境淨化的高分子吧。

螯合物高分子

日本四大公害事件包括第一水俣病、第二水俣病、發生於富山縣的痛痛病，以及發生於三重縣的四日市哮喘。除了四日市哮喘之外，其他3種公害都是由重金屬離子引起，分別是第一、第二水俣病的汞離子Hg^{+}，以及痛痛病的鎘離子Cd^{2+}。

這些公害的原因都是有害金屬離子M^{n+}。前面章節有提過的螯合物高分子可將這些有害的金屬陽離子轉變成無害的陽離子。受汙染的水經過這些高分子的處理後，便可去除有害金屬。

高分子凝集劑

若自來水的水源為河川與湖泊，那麼水的透明度就是個相當基本的問題。如果透明度偏低，就代表水中混有許多非沉澱性的雜質。通常我們會讓水流過細沙，去除這些雜質，但有時候要去除雜質並沒有那麼容易，這時就會用到高分子凝集劑，才能有效率地去除雜質。

膠體粒子為降低透明度的元凶之一。若在含膠體粒子的混濁液中加入高分子製成的凝集材料，高分子就會讓這些雜質的膠體粒子凝集沉澱下來。

沙漠綠化

日本是個山明水秀的美麗國度，住在這裡的日本人可能感覺不太到目前地球最大的環境問題，那就是地球的沙漠化。地球表面已有4分之1是沙漠。面積最大的撒哈拉沙漠面積約有日本的25倍大，而且每年增加的面積達日本的3分之1。

　　這裡就會用到先前提過的，用於沙漠綠化的高吸水性高分子。在沙漠的沙子底下埋入高吸水性分子，可儲存灌溉用水以及驟雨雨水，並持續提供給植物。若這種方式可以阻止沙漠化的進行，那就太棒了。

螯合物高分子的角色

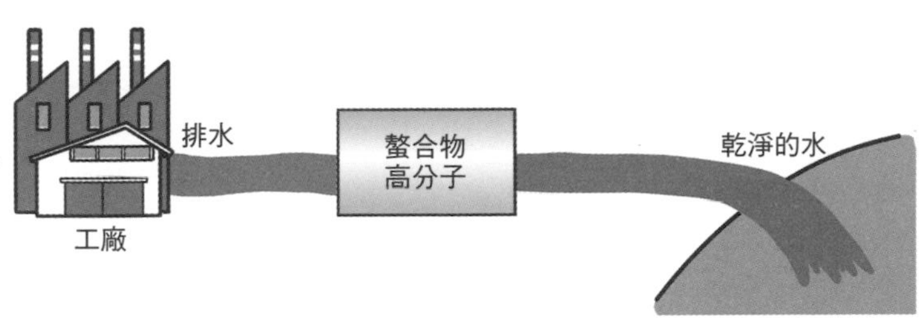

高分子凝集劑的運作機制

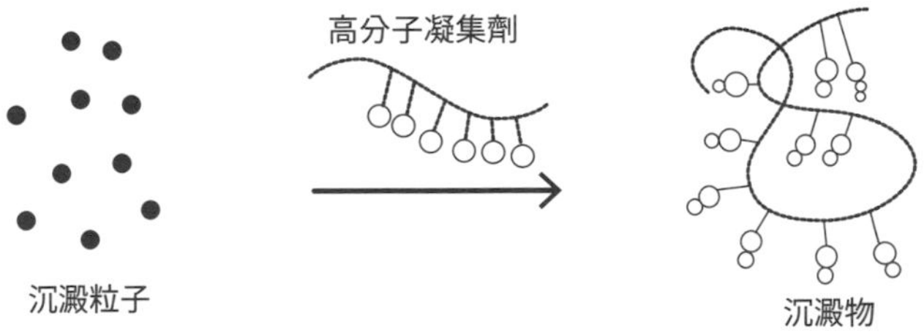

綠化沙漠時使用的高分子

10-5

能量與天然高分子

常有人說，現代社會建立在能量上。但實際上不僅如此。不只是我們的社會，就連做為生物的我們，生存時也需要能量。高分子不僅構成了塑膠等物體，在我們的日常生活中扮演著重要角色，高分子也是我們生命的能量來源。

太陽能的保存與轉換

綠意在地球上隨處可見。那麼多的生命體能穩定共處，就是因為有太陽的存在。太陽是顆恆星，可進行原子核融合反應，將太陽內部的氫原子轉變成氦原子，同時產生能量，並以熱能、光能的形式送至地球。

然而我們動物並不能直接利用這種能量。一開始接收這些能量的是植物。植物可吸收太陽的光能，以光合作用合成出天然高分子，也就是醣類。換言之，澱粉、纖維素等醣類，就像儲存太陽能量的罐頭一樣。

草食動物可吃下澱粉，經過體內化學反應後，獲得能量以維持生命活動。肉食動物則會透過吃下草食動物以獲得能量。也就是說，對於所有生物而言，它們維持生命的能量都是來自植物行光合作用所製造出來的醣類，而醣類是種高分子。地球上之所以會有生命存在，就是因為有植物這種天然高分子存在。

石化燃料

雖然天然氣、石油、煤炭等石化燃料有許多缺點，但不可諱言的，石化燃料確實是現代社會不可或缺的資源。燃燒石化燃料後會產生熱能，這些熱能轉化成電能後，再用於驅動整個社會系統。

石油的起源有諸多說法。有機起源說認為，很久以前的生命體，也就是天然高分子，經地底的壓力、地熱作用後，會變性成石化燃料。

也就是說，石化燃料就是用上古時代的高分子屍骸製成的，我們還是沒辦法逃脫高分子的束縛。

然而既然是上古時代留下來的東西，蘊藏量就有限。天然氣與石油的可開採蘊藏量約只剩60年份，煤炭約只剩110年份。若以目前速度持續消費，那麼未來1世紀就很可能會陷入能源不足的窘境。

太陽能的保存與變換

石化燃料的運作機制

10-6
能量與合成高分子

18世紀的工業革命以來，人類就愈來愈依賴石化燃料提供能量。不過，石化燃料的存量愈來愈少，缺點也逐漸浮現，所以我們必須尋找能夠代替石化燃料的能量來源。全世界各個領域都在進行相關嘗試。當然，高分子領域也不例外。學者們正致力於用合成高分子來解決能量問題。

固態高分子型燃料電池

氫燃料電池被認為是次世代電池。這是讓氫氣H_2與氧氣O_2反應燃燒，再將其燃燒產生的能量轉變成電能的裝置。

右頁圖中位於負極的催化劑（觸媒）鉑Pt，可將氫氣H_2與分解成氫離子H^+與電子e^-。H^+會溶解於電解質溶液中，抵達正極；另一方面，e^-會透過外部電路（導線）抵達正極。e^-在電路的移動則會形成電流。

抵達正極的H^+與e^-會再度結合成氫原子，變成氫氣，然後透過催化劑，與在陽極待命的氧氣反應生成水H_2O。這裡所使用的電解質溶液為液態。但液體在操作上有些不便，故科學家們便研發了離子交換高分子膜。這種膜可以讓離子通過，電子卻無法通過，故可得到固態氫燃料電池。

高分子有機薄膜太陽能電池

目前的家用太陽能電池都是用矽Si製成。在矽中摻雜少量雜質後，可以得到p型半導體與n型半導體，這些電極疊在一起後，就可以得到太陽能電池。

不過，用於製造太陽能電池的矽，對純度的要求極高，因此價格高昂。於是科學家們開發出了使用有機物的有機薄膜太陽能電池。電池內的p型半導體、n型半導體都是由有機物製成。製造簡便、價格低廉、質輕柔軟，具有許多優點。

有許多高分子可用於製作p型半導體，如圖所示。科學家們已開發出了多種高分子半導體投入應用。雖然目前有機太陽能電池的發電效率比矽型太陽能電池還要差，不過它的優點足以彌補效率差的缺點，故已上市販售，應用於各領域，想必未來也會更加活躍。

固態高分子型燃料電池的運作機制

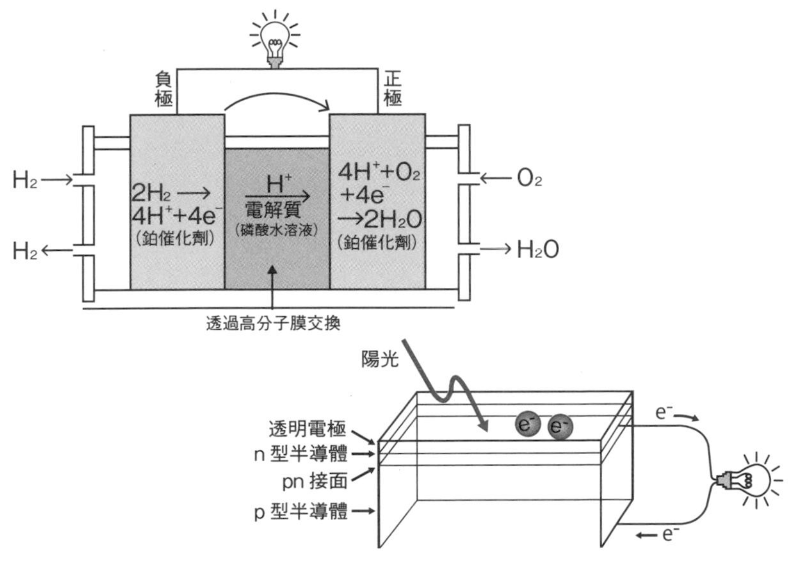

p型半導體與n型半導體

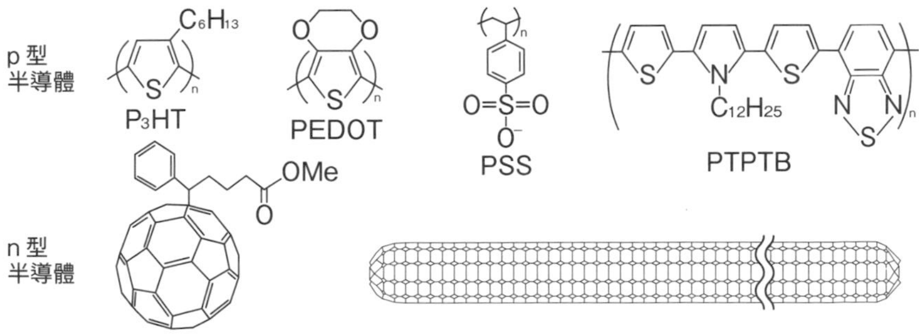

10-7

國際社會與SDGs

最近在日本的新聞上愈來愈常看到SDGs這個詞。聯合國會透過SDGs，呼籲社會大眾重視能源問題、環境問題。SDGs也是高分子化學重要的發展方向。

SDGs是什麼

SDGs是Sustainable Development Goals（永續發展目標）的簡稱。聯合國自2015年起便採用了SDGs做為該組織的目標。SDGs包含了17個全球性的目標，每個全球性目標之下分別還有10個左右的細項目標，共有169個細項目標，簡單來說就是全球性「努力目標」的「集大成」，而這些目標的基本理念為「永續經營」。也就是「於現代做好相關措施，不要為後代留下問題」。

SDGs的目標

SDGs有17個全球性目標，以下幾個目標與高分子化學有關。

⑥讓全世界的每個地方都有乾淨的水與廁所…「確保水與衛生的管理」

⑦讓每個人都能使用乾淨的能源…「確保便宜、值得信賴，且能永續經營的近代能源」

⑨打造產業與技術革新的基礎…「鼓勵永續經營的產業」

⑫認知到製造與使用的責任…「提倡永續經營的生產消費型態」

⑬提出氣候變遷的具體對策…「減輕氣候變遷造成的影響」

⑭保護海洋…「保護海洋與海洋資源」

⑮保護陸地…「保護、回復陸地生態系」

這裡列出的目標不只是目標，也是生長於惡劣環境的人們發出的求救聲。

SDGs在各方面的運作

SDGs不只是國家、政府、研究機構的目標，也是包含民營企業在內的全球人類必須面對的課題。SDGs強調，各個機構、企業都應在自身本業上達成這些目標。而高分子研究機構，可透過高分子的相關研究做出貢獻。

SDGs是個難以在短期內達成的遠大目標。要達成這個目標，必須有相當龐大的計畫才行。每個人都應該從自身周圍開始，腳踏實地一步步前進，在許多人的共同努力下，才能讓社會永續發展。

SDGs與高分子化學

SDGs 的 17 個永續發展目標

10-8

SDGs與高分子

SDGs與日常生活中的許多領域都有關係。從高分子化學的角度來看，能源生產與環境淨化都是SDGs有涵蓋到的範圍。

能源生產

重視SDGs的日本政府決定，要在2050年以前，將二氧化碳實質排放量降至0。二氧化碳排放量降至0就表示，要放棄以石化燃料做為能源。

就目前而言，替代能源似乎只有核能與再生能源而已。但其實還有一個，那就是氫能。氫可做為燃料，燃燒後可釋放出熱能，廢棄物只有水，是一種相當乾淨的能源。

問題在於氫氣的來源。自然界的氫氣相當稀少，必須人工製造。但製造氫氣的過程，譬如電解水時，需耗費大量能量，這些能量的來源又是個大問題。

不過，目前的產業活動廢棄物中就有包含氫氣。由煤礦製造煉鐵用煤的時候，以及金屬與水反應的時候，就會產生純氫氣。另外，有機廢棄物加熱到約540℃時，會產生氫氣、甲烷、二氧化碳的混合氣體。

燃燒這種氫氣，利用產生的熱能是一種方法。還有一種方法是製成氫燃料電池用來發電。就像前面提到的，高分子在氫燃料電池的開發、改良上也有很大的貢獻。

淨化環境

高分子在環境淨化上也有很大的貢獻。首先是3R中，塑膠廢棄物的削減、回收。再來是利用高分子淨化環境。這些過程會用到螯合物高分子、離子交換高分子、高吸水性高分子、高分子凝集劑等。

另外，製造高分子時須進行化學反應，而化學反應很可能會汙染環境。為了減少汙染，科學家們也致力於降低催化劑的使用，並改用超臨界水、超臨界二氧化碳來取代有機溶劑。

超臨界水與超臨界二氧化碳

水在374°C、218大氣壓以上的環境下，會轉變成介於液態與氣態之間的狀態。這種狀態叫做超臨界水。超臨界水的密度只有水的3分之1，分子運動模式如水蒸氣，卻可以溶解有機物，也擁有可氧化貴金屬的強氧化力。超臨界水還可溶解有機物，故可做為有機化學反應的溶劑。如此一來便可大幅減少有機物的使用量，降低對環境的負擔。

二氧化碳在31°C、73大氣壓這種相對溫和的條件下，也會進入超臨界狀態。同樣的，也可用做反應溶劑。

▼臨界水與超臨界二氧化碳

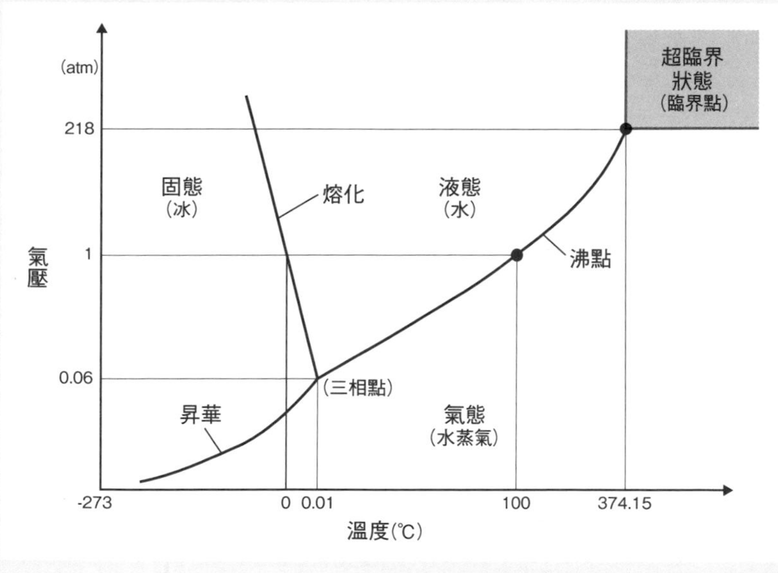

参考文獻

《図解雑学 プラスチック》 佐藤 功　Natsume社 (2001)

《図解でわかるプラスチック》 澤田和弘　SB Creative (2008)

《絶対わかる高分子化学》 齋藤勝裕・山下啓司　講談社 (2005)

《生命化学》 齋藤勝裕・尾崎昌宣　東京化學同人 (2005)

《図解雑学 超分子と高分子》 齋藤勝裕　Natsume社 (2006)

《絶対わかる生命化学》 齋藤勝裕・下村吉治　講談社 (2007)

《高分子化学》 齋藤勝裕・渥美みはる　東京化學同人 (2006)

《わかる×わかった！高分子化学》 齋藤勝裕・坂本英文　Ohmsha (2010)

《ヘンなプラスチック、すごいプラスチック》 齋藤勝裕　技術評論社 (2011)

《わかる×わかった！生命化学》 齋藤勝裕・永津明人　Ohmsha (2011)

《新素材を生み出す「機能性化学」がわかる》 齋藤勝裕　Beret出版 (2015)

《数学フリーの高分子科学》 齋藤勝裕　日刊工業新聞社 (2016)

《プラスチック知られざる世界》 齋藤勝裕　C&R研究所 (2018)

《身近なプラスチックがわかる》 西岡真由美・岩田忠久・齋藤勝裕　技術評論社 (2020)

索引

INDEX

英數字

1～5劃

6～10劃

11～15劃

16～20劃

21～23劃

索引

著者簡介

齋藤勝裕

1945年出生，1974年取得東北大學大學院理學研究科博士。現為名古屋工業大學名譽教授。理學博士。專業領域為有機化學、物理化學、光化學、超分子化學。著作、共著、監修書籍超過200本，代表作品包括《圖解入門 簡明最新 有機EL＆液晶面板的基礎與機制》、《美麗卻恐怖的毒物世界！視覺化的200種「毒物」圖鑑》（以上為秀和System）、《絕對看得懂的高分子化學》（講談社）、《看漫畫學有機化學》（Science·i新書）等。（書名皆暫譯）

●插圖：箭內祐士

圖解高分子化學

全方位解析化學產業基礎的入門書

2022年9月 1 日初版第一刷發行
2024年9月15日初版第二刷發行

著　　者　齋藤勝裕
譯　　者　陳朕疆
副 主 編　劉皓如
發 行 人　若森稔雄
發 行 所　台灣東販股份有限公司
　　　　　<地址>台北市南京東路4段130號2F-1
　　　　　<電話>(02) 2577-8878
　　　　　<傳真>(02) 2577-8896
　　　　　<網址>https://www.tohan.com.tw
郵撥帳號　1405049-4
法律顧問　蕭雄淋律師
總 經 銷　聯合發行股份有限公司
　　　　　<電話>(02) 2917-8022

國家圖書館出版品預行編目資料

圖解高分子化學：全方位解析化學產業基礎的入門書/齋藤勝裕著；陳朕疆譯. -- 初版. -- 臺北市：臺灣東販股份有限公司, 2022.09
232面；14.8×21公分
ISBN 978-626-329-418-9(平裝)

1.CST: 高分子化學

343　　111012155